素食笔记

李成国 编著

吉林科学技术出版社

李成国 中国烹饪大师，国家高级职业经理人，国家高级营养配餐师，吉林省饭店餐饮烹饪协会副会长，吉林省吉菜研究专业委员会副会长，吉林省饮食文化委员会执行副会长，吉林省饮食文化研究会执行副主席，中华金厨奖获得者，吉林省鸿顺餐饮管理有限公司总经理，吉林省明阳春管理有限公司董事，吉林省首家营养食谱创始人，吉林省儒易华宴酒店技术出品顾问，吉林省棠悦礼宴酒店行政总厨。

编委会

主　编　李成国

副主编　杨海洋　陈立萍

编　委（排名不分先后）

张　满	姜海洋	康雪峰	王　营	张海君	闫镜国	陈　勇	李　明
常殿双	刘云飞	李　满	王明月	张立阳	刘俊涛	庄孝波	李文权
单喜东	李小明	魏茂昌	张振富	代　宝	江艳立	马伟海	郭　斌
李　冰	肖建刚	杨鸿飞	李竺阳	邢跃东	杨　俊	于　彬	刘　阳
高　伟	宋继石	王玉龙	常　城	李雪琦	张忠宝	张　宝	金祥军
廉红才	窦凤彬	高　伟	张兴民	高玉才	韩密和	邵志宝	赵　军
尹　丹	刘晓辉	张建梅	唐晓磊	王玉立	范　铮	邵海燕	张巍耀
敬邵辉	李　平	张　杰	王伟晶	朱　琳	刘玉利	张鑫光	李名乐
张明军	孔祥道						

摄影师　黄　蓓

C目录
CONTENTS

素食点滴

素食历史 /8　　　　　　　　素食原则 /10

素食形式 /9　　　　　　　　我家素食 /11

美味蔬菜

青菜钵 /18

莲花白菜 /20

小炒娃娃菜 /21

牛奶娃娃菜 /22

蒜蓉粉丝娃娃菜 /24

锅气菊花菜 /26

椒丝腐乳空心菜 /27

蔬菜沙拉 /28

太子菠菜 /30

小炒菜心 /31

爽口蓝莓山药 /32

葱油山药 /34

酸萝卜水晶粉 /35

酸辣萝卜条 /36

葱油蔬菜扎 /38

鸡头米炒莲藕 /39

烧汁四宝 /40

豆芽炒榨菜 /42

清新双蔬 /43

荷塘小炒 /44

古法黄瓜钱 /46

面筋黄瓜仔 /47

西蓝花炒冬笋 /48

口味西蓝花 /50

田园沙拉 /51

凉拌西芹丝 /52

三色豌豆粒 /54

小炒花生芽 /55

糖醋蒜薹 /56

营养菌类

椒圈金针菇 /60

西篮花杏鲍菇 /62

香辣杏鲍菇 /64

小米剁椒杏鲍菇 /65

香菇油菜 /66

蚝皇扣花菇 /68

避风塘菌盒 /69

木耳洋葱丝 /70

虫草花土豆丝 /72

干锅鹿茸菌 /73

翡翠木耳 /74

冰糖双耳 /76

西芹拌木耳 /78

山药木耳豌豆 /80

黑椒煎平菇 /82

什锦草菇 /83

菌味菊花豆腐 /84

香煎松茸 /85

小炒茶树菇 /86

风味白玉菇 /87

豆制品

豆豉椒香豆腐 /90

菌香豆腐 /92

冰霜豆果 /93

炒豆腐蓉 /94

清汤迷你莲藕 /96

家常豆腐 /97

丝瓜芽豆腐汤 /98

琵琶豆腐 /100

清汤菊花豆腐 /101

三鲜豆腐 /102

香椿小豆腐 /104

香煎豆腐 /105

香菜拌豆腐 /106

家常千页豆腐 /108

熊掌豆腐 /109

素酿豆腐 /110

雪菜冻豆腐 /111

香辣豆腐丝 /112

腐皮鸡毛菜 /114

干香腐丝 /115

豆芽炒粉 /116

彩椒豆腐干 /118

干锅豆皮 /119

芥末粉丝菠菜 /120

五彩豆干丝 /122

桂花豆芽 /123

炝拌豆芽 /124

五谷杂粮

玉米饼 /128

蛋黄玉米粒 /130

金米白玉 /131

松仁玉米 /132

吐丝玉米酥 /133

红豆米粥 /134

豆薯薏米红豆羹 /136

桂花糯米藕 /138

蚕豆桃仁 /140

百合豌豆 /141

黑芝麻糊 /142

南瓜杂粮饭 /144

番茄黄豆 /146

高粱米芹菜 /147

南瓜燕麦粥 /148

红豆南瓜汤 /150

小米土豆丝 /152

五谷丰登 /153

山药薏米粥 /154

香芋薏米煲 /156

米粥小棠菜 /157

干鲜果品

水果沙拉 /160

菠萝香蕉球 /162

双瓜百合 /163

冰糖银耳雪梨 /164

酥炸香蕉 /166

脆皮香蕉 /168

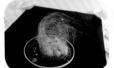
吐丝苹果 /169

陈皮梨汤 /170

芒果布丁 /172

芒果西芹夏果 /173

山楂梨丝 /174

糯米红枣 /176

健脑木纹枣 /177

红枣桂圆黑米粥 /178

卤味核桃 /180

樱桃板栗 /181

花生核桃拌椿苗 /182

怪味花生豆 /184

香菇焖果仁 /186

银杏芦笋 /188

松仁茼蒿 /189

椒香杏仁 /190

7

素食点滴

素食历史

我国的饮食文化历史悠久，而素食作为饮食文化史上的一颗明珠，清代素食发展成为寺院素食、宫廷素食、民间素食三大类。寺院素食讲究"全素"，禁用"五荤"调味，且大多禁用蛋类；供帝王享用的宫廷素食，追求用料的奇珍、考究的烹饪技法和外形的美观；民间素食用料广泛，美味又经济，为大众广泛接受。

素食在我国存在久远，根据史料记载，我国素食形成于汉，发展于魏晋至唐，南北朝时期梁武帝颁布《断酒肉文》，使吃素成为佛教正统，而佛教的盛行又促进了素食的发展。

唐宋时期，茹素之风盛行。陈达叟《本心斋疏食谱》中记载，他对他认为鲜美的、无人间烟火气的素食二十品，每品都配了十六字赞。至宋代，素菜开始讲究菜名，并且形成了素食"色香味形"的特点。

素食的食材品种也具有多样性。李渔《闲情偶寄》中说："声音之道，丝不如竹，竹不如肉，为其渐近自然。吾谓饮食之道，脍不如肉，肉不如蔬，亦以其渐近自然也。"

现代，随着物质生活的不断提高，人们的饮食观念的改变，以及对"富贵病"的认识，茹素已悄然成为一种时尚，也是健康饮食的代表。

素食形式

素食主义被定义为一种"不食用畜肉、家禽、水产及它们的副产品，食用（或不食）奶制品和蛋"的习惯，下面几种是常见的素食形式。

纯素食

纯素食会避免食用所有由动物制成的食品，例如各种禽蛋、奶、奶制品和蜂蜜。除了食物之外，部分严守素食主义的人也不使用动物制成的商品，例如皮革、皮草和含动物性成分的化妆品。

斋食

斋食会避免食用所有由动物制成的食品，以及包括青葱、大蒜、洋葱、韭菜、虾夷葱在内的葱属植物。

奶蛋素食

奶蛋素食是指会食用部分蛋类和奶类制成的食品来取得身体所需要的蛋白质，如食用鸡蛋，饮用牛奶等。

奶素食

奶素食是指这类素食主义者不食用禽蛋及禽蛋制品，但会食用奶类和其相关制品，比如奶油或酸奶等。

蛋素食

蛋素食与奶素食正好相反，蛋素食是指这类素食主义者不吃奶及奶的制品，但可食用禽蛋和禽蛋类相关制品。

果素食

果素食是指仅仅食用各种水果、果汁或其他植物的果实，不食用肉类、蔬菜和谷类。

生素食

生素食这种食用方法是将所有食物保持在天然状态，即使加热也不超过 47℃。生素食主义者认为烹调会使食物中的营养成分被破坏。有些生素食者仅食用有机食物。

素食原则

素食作为一种环保、健康、时尚的生活方式，在国际上渐渐流行，也体现出人们回归自然、保护地球生态环境的追求。如今的素食，与环境保护、动物保护一样，代表着一种文化品位和健康时尚。合理并且健康的吃素原则如下：

主食多选用粗粮为佳

我们知道粗粮含有丰富的膳食纤维，对人体有很好的补益功效。当然粗粮的品种也要有所区别，而且最好用全麦面包、燕麦面包、胚芽面包、糙米等代替白米饭、细面粉等。

多吃豆类和豆制品

豆类中植物蛋白的含量很高，比如豆类中的黄豆、红豆、绿豆、芸豆等，豆制品中的豆腐、豆干等。植物蛋白可补充人体因未摄食肉类而缺乏的部分营养素，而且多吃豆类和豆制品，也没有胆固醇过高之忧。

多食用核果类食品

腰果、杏仁、花生、核桃仁等核果类食品，其含有丰富的油脂，可以有效补充人体所需的热量。

食用果蔬需要多样化

蔬菜不要只吃几种，既要吃些绿叶菜，也要食用根茎菜、花果菜、菌类菜等。此外微量元素铁可由富含铁元素的水果，如猕猴桃、葡萄来补充。

烹调清淡化

别为了让素食更有味道而多放油脂来烹调，应掌握素菜清淡、少盐、少糖的烹调原则，才符合素食之健康取向。

食用富含维生素的食材

吃素者易缺乏维生素，其中以缺乏维生素 B_{12} 最为常见，可以食用富含维生素 B_{12} 的果蔬加以改善。

我家素食

蔬菜适宜先洗后切

蔬菜中含有大量的水溶性维生素，易溶解在水中，尤其是维生素C。切好的蔬菜用清水洗，其维生素C会损失60%。此外，如果切后再洗蔬菜，很容易使蔬菜表面的泥沙粘在刀口上，污染到蔬菜的切面，反而洗不干净了。因此为了保证蔬菜营养素少流失，食用蔬菜更卫生，蔬菜应该先洗后切。

野菜素食好

野菜资源在我国十分丰富，分布较广，品种繁多。目前可供食用、富含营养而无害的野菜品种有数百种之多，其中比较常见的野菜有蕨菜、苦苣菜、荠菜、马兰、苜蓿、马齿苋等，不胜枚举。

充分合理利用野菜，广辟食源，也享受素食的乐趣。更为重要的是，野菜中的维生素与无机盐含量比一般蔬菜高，所以食用野菜，对人体健康有很好的功效。另外野菜没有受到化肥、农药的污染，味道也鲜美适口。

瓜果菜带皮食用营养佳

有些瓜果菜，如黄瓜、丝瓜、茄子等，最好带皮烹制成菜。瓜果菜的表皮层内含有多种维生素、叶绿素和膳食纤维，带皮食用不仅风味别致，而且保留了营养成分。如果去皮烹制，会损失很多营养成分，还会失去食材本身的色泽和风味。

炒蔬菜不宜用油多

家庭烹制蔬菜时，无论使用何种油，都要以适量为宜。如果炒蔬菜时用油太多，蔬菜外部会包上一层油膜，滋味不易渗入，而且食用后也不利于消化吸收。此外常吃油多的菜肴，也会引发各种疾病，对人体健康不利。

食用菌的保存方法

食用菌结构比较简单，其品种比较多，其中常见的有茶树菇、草菇、猴头菇、金针菇、口蘑、平菇、香菇、榛蘑、银耳、竹荪、木耳、滑子蘑、黄蘑等。

食用菌应放在通风、透气、干燥、凉爽的地方保存，避免阳光长时间的照晒。干品食用菌一般易吸潮、霉变，因此保存食用菌要注意防潮、干燥储藏，防止霉变。

食用菌易氧化变质，可用铁罐、陶瓷缸等可密封的容器装贮，容器应内衬食品袋。另外食用菌大都具有较强的吸附性，适宜单独贮藏，以防相互之间串味。

罐装食用菌的选购

香味浓郁、鲜嫩爽口、营养丰富的食用菌，是家庭餐桌上常见的美味食材。由于鲜食用菌不宜存放太久，所以大多数食用菌被制成罐头。经

过多道加工程序制成的罐装食用菌，其鲜美程度往往比鲜品差，因此在选购和加工时要注意以下几点。

选购罐装食用菌时要选择菌体健壮、整齐划一、富有光泽的。如果菌体瘦小、参差不齐、变色、无光泽，不要选购。此外罐装食用菌内的原汤会导致菌体发咸，可采用焯水的方法去除。具体方法是锅内放入清水、少许葱、姜和花椒，烧沸后放入食用菌焯烫一下，捞出，过凉，沥净水分，再烹制成菜。

食用菌浸泡时间不宜过长

食用菌营养丰富，口味鲜美，除了鲜品外，多以干品出售，烹制前必须进行泡发。但是食用菌浸泡的时间不宜过长，因为食用菌中含有一种分解酶，在用80℃热水浸泡食用菌时，这种分解酶就会催化食用菌中的核糖核酸，分解成具有鲜味的物质。如果浸泡的时间过长，食用菌就会失去浓郁的鲜味，这样也降低了食用菌的风味和质量。

美味豆制品

豆类按营养组成可分为两大类，一类是大豆，根据皮色又可分为黄豆、青豆、黑豆等，一般含有较多的蛋白质，而糖类的含量相对较少；另一类是除大豆外的其他豆类，含有较多的糖类，中等量的蛋白质和少量的脂肪。

豆制品是以大豆或其他豆类为主要原料加工制成的。按生产工艺可分为发酵性豆制品和非发酵性豆制品。发酵性豆制品主要包括腐乳、豆豉等；非发酵性豆制品主要包括豆腐干、豆腐皮、腐竹、茶干、绿豆粉丝、绿豆粉皮等。

豆制品中的豆腐是以大豆（黄豆、黑豆等）为原料，经过多道工序加工而成，为常见豆制品烹调食材。豆腐是中国人发明的，其最早的记载见于五代陶谷所撰《清异录》。在明代李时珍的《本草纲目》中，记载豆腐为公元前 2 世纪，由淮南王刘安发明的。此外关于豆腐产生的年代还有周代说、汉代说等许多不同的版本。

品种繁多话豆腐

北豆腐又称老豆腐，是经点卤凝固成豆腐脑后在模具中压制成型而制成，其含水量约占 85%。北豆腐硬度大，韧性强，含水量较低，能帮助降低血压，预防心血管疾病的发生。

南豆腐又称嫩豆腐、软豆腐等，是以石膏点卤凝固，再压制成型，其含水量约占 90%。南豆腐的特点是质地细腻，口感较嫩，富有弹性，味甘而鲜。

内酯豆腐是抛弃了传统的卤水和石膏，改用葡糖酸内酯为凝固剂生产的豆腐，其质地细腻有弹性，但微有酸味，营养价值不如传统豆腐。

此外，市场上还有许多其他豆腐，如日本豆腐、杏仁豆腐、奶豆腐、鸡蛋豆腐等，其名称中虽带有豆腐字样，但却与豆腐一点儿关系也没有，因为制作这些豆腐的食材中根本没有大豆。

米面杂粮

米面杂粮主要分为禾谷类、麦类、豆类和杂粮等，一般来说，按人们的习惯，除大家熟知的大米和面粉为细粮外，其余的统称为杂粮或粗粮。

中国人以五谷杂粮为主体的饮食习惯已经沿袭了数千年。杂粮的品种多样，但其结构基本相似，都是由谷皮、糊粉层、胚乳和胚芽四个主要部分组成。我们现在所说的五谷杂粮其实是个大家庭，包括了多种谷类和豆类食物，比如小米、玉米、荞麦、大麦、燕麦、黑豆、蚕豆、绿豆、豌豆等。

米面杂粮在我们的膳食生活中是相当重要的。中国营养学会发布的《中国居民膳食指南》中就明确提出"食物多样化、谷类为主"。我国古代《黄帝内经》中就记载有："五谷为养，五果为助，五畜为益，五菜为充"，也将谷类放在第一位置。由此可以证明，谷类营养，也就是米面杂粮的营养，是我们膳食生活中最基本的营养需要。

精米糙米结合才能均衡营养

大米含有淀粉、蛋白质、脂肪、多种维生素、钙、磷、铁等营养素，其中除淀粉外，其他营养成分大多藏于米粒的胚芽和外膜中。糙米经过数次加工，碾成精米后，就脱去了米糠层及胚芽，于是大量对人体有益的维生素、微量元素、纤维素等就被去掉了，仅仅供给人们单纯的淀粉及少量蛋白质。如果长期食用精米，而不吃糙米的话，会逐渐导致营养缺乏。所以在食用大米时要注意精米和糙米相结合，才能保证均衡营养。

小麦麸的营养

小麦麸是在麦谷脱粒或磨粉过程中产生的副产品，自古以来多作为无价值的下脚料，掺兑在家禽、家畜的饲料中。近年来由于科技的发展，大家已经认识到，小麦麸在健康医学中有着重要的意义。中医也认为小麦麸有改善大便秘结，预防结肠癌、直肠癌及乳腺癌，使血清胆固醇下降，动脉粥样硬化的形成减慢等功效。

鲜果与干果

　　果品有鲜果和干果之分。鲜果就是通常所说的水果，其特点为果皮肉质化，多汁柔软或脆嫩，有鲜艳的色泽，浓郁的果香，醇厚的味道，为果品中种类和数量较多的一类，市场上比较常见的品种有苹果、鸭梨、橘子、香蕉、葡萄、西瓜、水蜜桃、火龙果、芒果、木瓜等。

　　干果为自然干燥的硬果，以及把鲜果经过人工干燥而得的果实，如核桃、板栗、松子、榛子、红枣、柿饼、葡萄干、香蕉干等，是人类饮食中不可缺少的重要部分。在我们常食用的干果中按照营养成分又可以分为两类，一类是富含脂肪和蛋白质的干果，如花生、核桃、松子、杏仁、腰果等；另一类是含糖类较多而脂肪较少的干果，如栗子、莲子、白果等。

生食草莓营养佳

　　草莓是一种低热量、低糖分的水果佳品。草莓所含有的维生素C是鸭梨的9倍，是苹果的2.5倍。维生素C是一种活性很强的还原性物质，它参与体内重要的生理氧化还原过程，是体内新陈代谢不可缺少的物质，能促进细胞间质的形成，维持牙齿、骨骼、血管、肌肉的正常功能和促进伤口愈合，能促使抗体的形成，增强人体的抵抗力。而维生素C经加热后易被破坏，所以富含维生素C的草莓最适宜生食。

营养食疗西瓜皮

　　西瓜皮为葫芦科植物西瓜的外层果皮，因其青翠光泽，故有西瓜青、翠衣之别名。中医认为西瓜皮味甘淡，性凉，有清暑除烦、解渴利尿的效果，主治暑热烦渴、小便短少、水肿、口舌生疮等症。

　　西瓜皮不但能吃，而且还很美味，它兼有冬瓜、丝瓜、菜瓜的味道和功效，可用拌、炝、炒、烧、焖等方法烹调菜肴，还可以制作汤菜、泡菜、瓜皮酱和主食馅料等。

美味蔬菜

素 青菜钵

原料

青菜 400 克，白萝卜 125 克，枸杞子 10 克。

调料

蒜末 10 克，精盐 2 小匙，料酒 1 大匙，白糖、香油各少许，植物油 2 大匙。

制作步骤

1 将青菜用清水洗净，沥净水分，放在案板上，去掉菜根，再把青菜切成小粒（图①）；白萝卜洗净、沥水，去掉菜根，削去外皮，先切成 1 厘米见方的长条（图②），再切成丁（图③）；枸杞子洗净、沥水。

2 炒锅置火上，倒入植物油烧至六成热，加入蒜末煸炒出香味（图④），加入白萝卜丁（图⑤），用旺火翻炒均匀，烹入料酒，加入白糖稍炒，倒入切好的青菜粒，旺火翻炒至青菜粒色泽变翠绿。

3 加入精盐调好菜肴口味（图⑥），淋入香油，出锅，倒入烧热的钵内，撒上枸杞子，直接上桌即可。

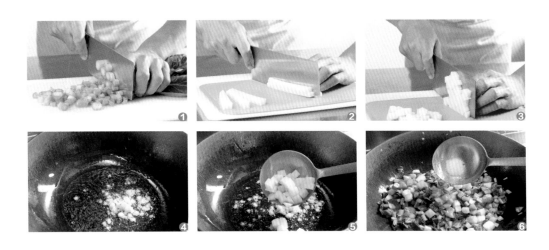

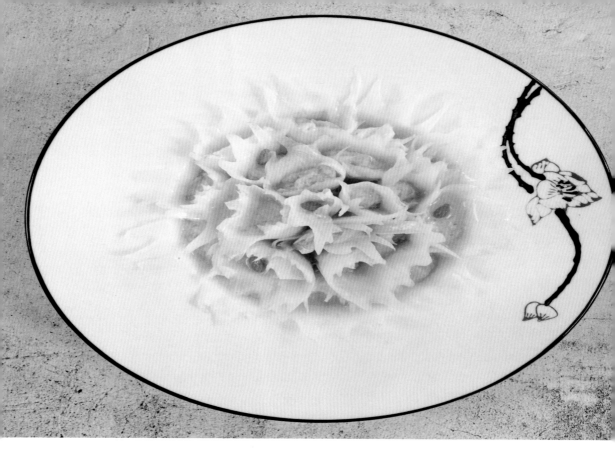

素 莲花白菜

原料

大白菜 300 克，大豆蛋白 150 克，枸杞子少许。

调料

精盐 1 小匙，生抽、胡椒粉、味精各少许，香油 2 小匙，清汤适量。

制作步骤

1 把大豆蛋白剁成碎粒，放在容器内，加入精盐、生抽、味精、胡椒粉和香油，搅拌均匀成馅料。

2 大白菜去掉菜根，选嫩白菜帮，片成薄片，裹上适量的馅料成莲花白菜生坯，码放在盘内，撒上洗净的枸杞子。

3 淋入清汤，撒上少许精盐，放入沸水蒸锅内，用旺火蒸约10分钟至熟嫩，取出，直接上桌即可。

素 小炒娃娃菜

原料

娃娃菜 400 克，鲜香菇 75 克，杭椒 25 克。

调料

干红辣椒 5 克，净蒜瓣 15 克，精盐 1 小匙，蚝油、酱油各 2 小匙，水淀粉、清汤、植物油、香油各适量。

制作步骤

1 娃娃菜洗净，去掉菜根，顺长切成长条；鲜香菇洗净，去掉菌蒂，切成小条；杭椒去蒂、去籽，切成段；干红辣椒去蒂。

2 净锅置火上，加入植物油烧至六成热，放入净蒜瓣、干红辣椒煸炒出香辣味，放入娃娃菜，用旺火炒2分钟。

3 放入杭椒段、香菇条翻炒均匀，加入精盐、蚝油、酱油、清汤调好口味，用水淀粉勾芡，淋入香油，出锅上桌即可。

素牛奶娃娃菜

原料

娃娃菜 300 克，枸杞子 10 克。

调料

精盐少许，白糖 1 大匙，牛奶适量。

制作步骤

1 把娃娃菜择洗干净，擦净表面水分，放在案板上，先去掉菜根，顺长切成两半（图①），再切成长条（图②）。

2 净锅置火上烧热，加入清水和精盐烧沸，倒入娃娃菜，用旺火焯烫2分钟，捞出，沥净水分（图③）。

3 净锅置火上，倒入牛奶（图④），加入适量的清水和白糖（图⑤），用旺火煮至微沸，加入娃娃菜，用中火煮约3分钟（图⑥），加入洗净的枸杞子，继续煮1分钟，离火，倒入汤碗内，直接上桌即可。

素蒜蓉粉丝娃娃菜

原料

娃娃菜 400 克，细粉丝 50 克，香葱 25 克，红尖椒 15 克。

调料

蒜末 25 克，豆豉 10 克，蒸鱼豉油 1 大匙，植物油 2 大匙。

制作步骤

1　细粉丝放入容器内，倒入清水（图①），浸泡至涨发，捞出，沥净水分；香葱洗净，切成香葱花（图②）；娃娃菜洗净，先顺长切成两半，再切成长条（图③）；红尖椒去蒂，洗净，切成小粒。

2　炒锅置火上，倒入适量的清水烧沸，放入娃娃菜焯烫一下，捞出，沥水（图④）。

3　把细粉丝放在盘内垫底，上面摆上娃娃菜，撒上蒜末，放入蒸锅内（图⑤），用旺火蒸8分钟，取出，淋入蒸鱼豉油（图⑥），撒上红尖椒粒、香葱花和豆豉。

4　净锅置火上，加入植物油烧至八成热，离火，把热油快速淋在娃娃菜上即可。

素 锅气菊花菜

原料

菊花菜 400 克。

调料

蒜瓣 25 克，花椒 3 克，干红辣椒 10 克，精盐 1 小匙，料酒、生抽各 2 小匙，植物油 2 大匙，香油少许。

制作步骤

1. 菊花菜洗净，去掉菜根，切成小条，放入沸水锅内，加入少许精盐焯烫一下，捞出，沥水；干红辣椒去蒂，切成小段；蒜瓣去皮，切去两端，用刀面拍松散（或切成片）。

2. 净锅置火上烧热，加入植物油烧至五成热，放入花椒炸至煳，捞出花椒不用，放入蒜瓣、干红辣椒段炒出香辣味。

3. 倒入加工好的菊花菜，用旺火快速翻炒均匀，加入精盐、料酒、生抽调好口味，淋入香油，出锅上桌即可。

椒丝腐乳空心菜

原料

空心菜…………… 400 克
红椒……………………1 个

调料

蒜瓣…………… 10 克
精盐……………少许
腐乳……………1 小块
香油…………… 2 小匙
植物油……………1 大匙

制作步骤

1 把空心菜洗净，去掉根和老叶，取空心菜梗和空心菜叶；红椒去蒂、去籽，洗净，切成丝；蒜瓣去皮，剁成蒜末；腐乳块放在小碗内，加入少许腐乳汁碾碎。

2 净锅置火上，加入植物油烧至六成热，加入蒜末炝锅出香味，加入空心菜梗煸炒几下，再放入空心菜叶翻炒至软。

3 倒入腐乳汁，放入红椒丝翻炒至腐乳汁收干，加入精盐翻炒均匀，淋入香油，出锅上桌即可。

素 蔬菜沙拉

原料

生菜 200 克，樱桃番茄、黄瓜各 100 克，鸭梨、红椒、
黄椒各 1 个。

调料

沙拉酱 3 大匙。

制作步骤

1 把生菜去掉菜根，取净生菜叶（图①），用淡盐水浸泡并洗净，捞出生菜叶，
沥净水分，放在干净容器内垫底。

2 鸭梨削去外皮，去掉梨核，切成滚刀块；樱桃番茄去蒂，洗净，每个切成两半
（图②）；黄瓜刷洗干净，切成小块（图③）；黄椒去蒂、去籽，掰成小块
（图④）；红椒洗净，去蒂，也掰成小块（图⑤）。

3 将樱桃番茄块、黄瓜块、鸭梨块、黄椒块和红椒块放在盛有生菜叶垫底的容器
内，浇淋上沙拉酱（图⑥），食用时拌匀，直接上桌即可。

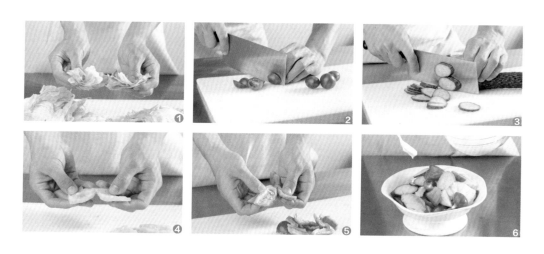

素 太子菠菜

原料

菠菜 400 克，鲜香菇 100
克，胡萝卜 75 克。

调料

姜末 10 克，蒜末 5 克，
精盐、胡椒粉各少许，蚝
油、酱油各 1 大匙，植物
油 2 大匙。

制作步骤

1 菠菜去根，洗净，切成小段，放入沸水锅
内，加入少许植物油焯烫一下，捞出，过
凉，攥净水分；鲜香菇洗净，去蒂，切成
丁；胡萝卜去皮，也切成丁。

2 锅置火上，加入植物油烧热，放入姜末、蒜
末炒香，加入香菇丁、胡萝卜丁、酱油、蚝
油、精盐和胡椒粉炒匀，出锅成酱料。

3 把焯烫好的菠菜段装入杯中，轻轻按压一
下，翻扣在盘中，取下杯子，浇淋上少许制
好的酱料即可。

⊛ 小炒菜心

原料

菜心…………… 400 克

红尖椒………… 25 克

调料

蒜瓣…………… 25 克

精盐………… 1 小匙

生抽………… 2 小匙

植物油………… 适量

制作步骤

1 菜心洗净，去掉菜根，刮去老皮；红尖椒去蒂、去籽，洗净，切成椒圈；蒜瓣去皮，切去两端，再用刀面拍松散。

2 锅置火上烧热，加入清水、少许精盐和植物油煮沸，倒入菜心焯烫至熟，捞出，沥水。

3 净锅复置火上，加入植物油烧热，放入蒜瓣煸炒至变色，加入红椒圈炒出香味，放入菜心，用旺火爆炒2分钟，加入精盐、生抽调好口味，装盘上桌即可。

素 爽口蓝莓山药

原料

山药 500 克。

调料

蓝莓酱、玫瑰酱各 1 大匙，白糖 3 大匙，蜂蜜 1 大匙。

制作步骤

1 净锅置火上烧热，加入蓝莓酱、玫瑰酱和白糖，用旺火炒至浓稠，关火，凉凉，加入蜂蜜调拌均匀成蓝莓酱汁。

2 将山药刷洗干净，削去外皮（图①），放在案板上，切成滚刀块（图②），再放入沸水锅内（图③），用中火煮约5分钟至熟，捞出山药块（图④）。

3 把熟山药块放入冷水中浸泡片刻（图⑤），捞出，沥净水分，码放在深盘内，淋入调好的蓝莓酱汁（图⑥），食用时拌匀即可。

素 葱油山药

原料

铁棍山药 400 克，大葱 50 克。

调料

干红辣椒 10 克，精盐 1 小匙，酱油 1 大匙，米醋 2 小匙，香油少许，植物油 2 大匙。

制作步骤

1. 铁棍山药削去外皮，切成段，放入清水盆内，加入米醋浸泡10分钟；大葱洗净，取一半切成细丝，另外一半切成葱段；干红辣椒用温水浸泡至软，取出，去蒂，切成丝。

2. 净锅置火上，加入适量清水煮沸，放入铁棍山药段、少许精盐焯烫至熟，捞出山药段，码放在盘内，摆上大葱丝和辣椒丝，淋上由酱油、香油、精盐调匀的味汁。

3. 锅内加入植物油烧热，放入葱段炸至煳，捞出葱段不用，把热葱油淋在山药段上即可。

素 酸萝卜水晶粉

原料

白萝卜 200 克，水晶粉 50 克，泰椒 15 克。

调料

蒜瓣 5 克，精盐 1 小匙，米醋 1 大匙，白糖少许，醋精、酱油、水淀粉、植物油各适量。

制作步骤

1. 白萝卜切成丝，加入醋精拌匀，腌渍 6 小时，捞出，攥净水分成酸萝卜丝；泰椒去蒂、洗净、切成椒圈；蒜瓣去皮，切成片。

2. 把水晶粉放入盆内，加入适量的温水浸泡至软，捞出水晶粉，放入沸水锅内煮 2 分钟，取出水晶粉，用冷水过凉，沥净水分。

3. 净锅置火上，加入植物油烧至六成热，下入泰椒圈、蒜片炒香，加入酸萝卜丝、水晶粉稍炒，加入精盐、米醋、白糖、酱油调好口味，用水淀粉勾芡，出锅上桌即可。

素酸辣萝卜条

原料

白萝卜 500 克，熟芝麻 15 克，香葱 10 克，小米椒 25 克。

调料

蒜瓣 15 克，精盐 1 小匙，米醋 1 大匙，生抽 2 小匙，香油适量。

制作步骤

1 白萝卜洗净，去根，削去外皮（图①），先切成大块（图②），再切成长条（图③），加入少许精盐搓揉均匀，腌渍20分钟。

2 小米椒去蒂，切成小米椒圈（图④）；蒜瓣去皮，剁成碎末；香葱洗净，切成香葱花。

3 白萝卜条攥净水分，放入容器内，加入小米椒圈、精盐、生抽调拌均匀（图⑤）。

4 加入蒜末、米醋和香油翻拌均匀（图⑥），放入冰箱内腌制2小时。食用时取出白萝卜条，撒上香葱花和熟芝麻，装盘上桌即成。

素 葱油蔬菜扎

原料

莴笋、胡萝卜、山药各125克，菠菜50克，大葱50克，韭菜碎、三色堇、特细辣椒丝各少许。

调料

精盐1小匙，酱油1大匙，米醋2小匙，胡椒粉少许，植物油2大匙。

制作步骤

1　莴笋、胡萝卜、山药分别去皮，洗净，切成细条，放入沸水锅内，加入精盐和植物油焯烫至熟，捞出，过凉，沥净水分。

2　菠菜择洗干净，放入沸水锅内烫至熟，捞出，过凉，捆上莴笋条、胡萝卜条和山药条成蔬菜扎，码放在盘内。

3　大葱取葱白，切成丝，放在小碗内，倒入烧至九成热的植物油烫出香味成葱油，加入韭菜碎、精盐、酱油、米醋、胡椒粉拌匀成葱油汁，淋在蔬菜扎上，摆上三色堇、特细辣椒丝加以点缀即可。

素 鸡头米炒莲藕

原料

莲藕 200 克，净鸡头米、莴笋、胡萝卜各 75 克。

调料

精盐 1 小匙，白糖 2 小匙，胡椒粉少许，植物油 2 大匙。

制作步骤

1 莲藕去掉藕节，削去外皮，洗净，切成丁，放入沸水锅内，加入净鸡头米，一起焯烫一下，捞出，过凉，沥净水分。

2 莴笋、胡萝卜分别去皮，洗净，切成吉庆丁（或其他花丁），放入清水锅内，加入少许精盐和植物油焯烫一下，捞出，沥水。

3 净锅置火上，放入植物油烧至六成热，加入莲藕丁、鸡头米翻炒一下，加入莴笋丁、胡萝卜丁炒匀，加入精盐、白糖、胡椒粉调好口味，装盘上桌即可。

素 烧汁四宝

原料

茄子 200 克，土豆 125 克，南瓜 1 块（约 100 克），青尖椒、红尖椒各 25 克。

调料

大葱 10 克，蒜瓣 15 克，烧汁 2 大匙，香油 2 小匙，植物油适量。

制作步骤

1　将南瓜块洗净，削去外皮，去掉瓜瓤，切成5厘米长的小条（图①）；红尖椒洗净，去蒂、去籽，切成5厘米长的条（图②）；青尖椒洗净，也切成长条。

2　土豆洗净，削去外皮，切成5厘米长的小条；茄子洗净，去蒂，先切成厚片，再顺长切成条（图③）；蒜瓣去皮，切成片；大葱洗净，切成葱花。

3　净锅置火上，倒入植物油烧至七成热，加入土豆条、南瓜条炸至变色，一起捞出，沥油（图④）；将茄子条放入油锅内炸至变软（图⑤），捞出，沥油。

4　锅内留少许底油，复置火上烧热，加入葱花、蒜片煸炒出香味，加入茄子条、南瓜条、土豆条、青尖椒条、红尖椒条翻炒一下，加入烧汁炒匀（图⑥），淋上香油，出锅装盘即成。

素 豆芽炒榨菜

原料

黄豆芽 250 克，榨菜 150 克，青椒 25 克，干红辣椒 10 克。

调料

葱花、姜末各 5 克，料酒 1 大匙，酱油、白糖各 1/2 大匙，香油 1 小匙，味精少许，水淀粉 2 小匙，植物油 2 大匙。

制作步骤

1. 黄豆芽洗净，去根，沥水；榨菜去根，削去外皮，切成小丁，放在容器内，加上温水浸泡20分钟，捞出，沥水；干红辣椒去蒂，去籽，切成小段；青椒洗净，切成丁。

2. 净锅置火上，加入植物油烧至六成热，下入葱花、姜末炝锅，放入干红辣椒段炒出香辣味，下入黄豆芽煸炒至变色。

3. 烹入料酒，放入榨菜丁、青椒丁、酱油、白糖、味精，用旺火翻炒至熟嫩，用水淀粉勾薄芡，淋上香油，出锅装盘即可。

清新双蔬

原料

莴笋、胡萝卜各 200 克。

调料

姜末 5 克，精盐 1 小匙，味精、胡椒粉各少许，花椒油、香油各 2 小匙，植物油 1 大匙。

制作步骤

1. 胡萝卜切成丁，用小刀在胡萝卜丁的一面切一刀，深度为胡萝卜丁厚度的1/2，转面后从接口处再切一刀，掰开即为吉庆丁；按照同样的方法，把莴笋也切成吉庆丁。

2. 姜末放在碗内，加入精盐、味精、胡椒粉、花椒油、香油拌匀成味汁。

3. 净锅置火上烧热，加入清水、少许精盐、植物油煮至沸，倒入胡萝卜丁、莴笋丁，用旺火焯烫至熟，捞出，过凉，沥净水分，加入调好的味汁拌匀，直接上桌即可。

素 荷塘小炒

原料

荷兰豆、莲藕各 150 克，胡萝卜 100 克，木耳 10 克。

调料

蒜瓣 15 克，大葱 10 克，精盐 1 小匙，水淀粉 2 小匙，香油、植物油各适量。

制作步骤

1 莲藕洗净，去掉藕节，削去外皮，切成大片（图①）；荷兰豆撕去豆筋，用清水洗净；大葱去根和老叶，洗净，切成葱花。

2 将胡萝卜洗净，削去外皮，去掉菜根，切成花片（图②）；木耳放在碗内，加入温水浸泡至涨发，去蒂，撕成小块；蒜瓣去皮，拍碎。

3 锅内加入清水和少许精盐烧沸，放入水发木耳块和莲藕片稍烫（图③），再倒入荷兰豆和胡萝卜片（图④），用旺火焯烫1分钟，捞出，沥水。

4 净锅复置火上，加入植物油烧至五成热，放入蒜瓣炝锅出香味（图⑤），加入莲藕片、荷兰豆、胡萝卜片、木耳块、葱花、精盐翻炒均匀（图⑥），用水淀粉勾芡，淋上香油，出锅装盘即成。

素 古法黄瓜钱

原料

黄瓜钱100克,木耳10克,红椒少许。

调料

大葱、蒜瓣各5克,精盐1小匙,味精少许,酱油2小匙,植物油适量。

制作步骤

1. 把黄瓜钱放在容器内,加入精盐拌匀,腌渍30分钟,用清水漂洗干净,攥净水分,放入沸水锅内焯烫一下,捞出,沥水。

2. 木耳加入清水浸泡至涨发,去掉菌蒂,撕成小块;大葱去根和老叶,切成葱花;蒜瓣去皮,切成片;红椒去蒂、去籽,切成小块。

3. 净锅置火上,加入植物油烧至六成热,放入葱花、蒜片和红椒块炝锅,加入黄瓜钱和木耳块翻炒均匀,加入精盐、酱油和味精调好口味,装盘上桌即可。

㊙ 面筋黄瓜仔

原料

顶花黄瓜仔 200 克，油面筋 125 克，红椒 25 克。

调料

蒜瓣 5 克，精盐、香油各 1 小匙，生抽 2 小匙，素汤、植物油各适量。

制作步骤

1　把顶花黄瓜仔放入清水中，加入少许精盐浸泡10分钟，捞出，换清水漂洗干净，沥水；油面筋切成小块；红椒去蒂、去籽，洗净，切成块；蒜瓣去皮，切成片。

2　净锅置火上，加入植物油烧热，放入蒜片炝锅，放入素汤烧沸，倒入红椒块和油面筋块，用小火烧焖3分钟。

3　加入黄瓜仔，放入精盐和生抽，改用旺火快速翻炒均匀，淋入香油，出锅上桌即可。

素 西蓝花炒冬笋

原料

西蓝花 300 克，冬笋 200 克，红尖椒 15 克。

调料

蒜瓣 15 克，精盐 1 小匙，水淀粉 2 小匙，香油少许，植物油 2 大匙。

制作步骤

1 西蓝花择洗干净，从每一朵花根处切断，取净花瓣（图①）；冬笋择洗干净，切成大片（图②）；红尖椒去蒂、去籽，洗净，切成小块；蒜瓣去皮，切成片。

2 净锅置火上，倒入清水烧沸，放入西蓝花瓣和红尖椒块，快速焯烫一下（图③），一起捞出，沥净水分。

3 锅内加入植物油烧热，放入蒜片煸香，加入冬笋片稍炒（图④），放入西蓝花瓣和红尖椒块炒匀，加入精盐（图⑤），用水淀粉勾芡（图⑥），淋上香油，出锅装盘即可。

素 口味西蓝花

原料

西蓝花·············· 400 克

泰椒················· 30 克

调料

蒜瓣················· 25 克

精盐·················1 小匙

酱油··············· 2 小匙

花椒油············· 少许

植物油············· 2 大匙

制作步骤

1 西蓝花洗净，从每一朵花根处切断，取西蓝花小朵，放入淡盐水中浸泡5分钟，捞出西蓝花瓣，沥净水分；泰椒去蒂，切成泰椒圈；蒜瓣去皮，取净蒜瓣。

2 净锅置火上，加入植物油烧至六成热，放入蒜瓣，用小火煸炒至变色，放入泰椒圈炒出香辣味。

3 倒入西蓝花瓣，用旺火翻炒至西蓝花瓣熟嫩，加入精盐、酱油调好口味，淋入花椒油炒匀，装盘上桌即可。

素 田园沙拉

原料

山药 200 克，玉米笋、顶花黄瓜仔、樱桃番茄、玉米粒、薄荷叶、豆苗、巧克力薄脆各适量。

调料

白糖 2 大匙，炼乳 1 小碟。

制作步骤

1 把山药刷洗干净，切成小段，放入蒸锅内，用旺火蒸至熟，取出，凉凉，剥去外皮，放在容器内，加入白糖，捣烂成山药泥。

2 把玉米笋、顶花黄瓜仔、樱桃番茄、玉米粒、薄荷叶、豆苗放入淡盐水中浸泡，再换清水漂洗干净，沥净水分。

3 把山药泥放入容器内垫底，撒上巧克力薄脆，再分别插上玉米笋、顶花黄瓜仔、樱桃番茄、玉米粒、薄荷叶、豆苗，带炼乳一起上桌即可。

素 凉拌西芹丝

原料

西芹 250 克，红椒 50 克，香菜 15 克，熟芝麻少许。

调料

蒜瓣 25 克，精盐 1 小匙，白糖 1/2 小匙，米醋少许，辣椒油 2 小匙。

制作步骤

1 西芹洗净，去掉西芹根和西芹叶，刮去西芹的筋膜（图①），取西芹嫩茎，切成丝（图②）；蒜瓣去皮，放在案板上，先用刀面压碎（图③），再剁成蒜末；红椒去蒂、去籽，洗净，切成细丝；香菜去根和老叶，洗净，切成小段。

2 把西芹丝放在容器内，加入少许精盐拌匀，腌渍5分钟，用清水漂洗干净，沥净水分，放入容器内（图④），再放入香菜段和红椒丝拌匀（图⑤）。

3 在盛有西芹丝的容器内放入白糖、精盐、辣椒油和米醋（图⑥），再加入蒜末搅拌均匀，撒上熟芝麻，装盘上桌即成。

㊙ 三色豌豆粒

原料

豌豆粒 300 克，白玉米 125 克，胡萝卜 75 克。

调料

葱段 50 克，精盐 1 小匙，白糖、味精、胡椒粉各少许，植物油 2 大匙。

制作步骤

1　白玉米洗净，放入清水锅内煮至熟，取出，凉凉，掰取净白玉米粒；胡萝卜去根、去皮，洗净，切成丁，放入沸水锅内焯烫一下，捞出，沥水；豌豆粒洗净。

2　锅置火上，加入植物油烧热，放入葱段炒至变色，出锅，倒入碗内，去掉葱段成葱油。

3　净锅置火上，加入少许葱油烧热，放入豌豆粒，用旺火煸炒一下，加入白玉米粒、胡萝卜丁炒匀，加入精盐、白糖、味精和胡椒粉调味，淋入葱油，装盘上桌即可。

素 小炒花生芽

原料

花生芽 250 克，西芹 100 克。

调料

干红辣椒 10 克，葱花、姜末各 5 克，料酒 1 大匙，酱油、白糖各 1/2 大匙，香油 1 小匙，水淀粉 2 小匙，植物油 2 大匙。

制作步骤

1. 花生芽用清水漂洗干净，去掉根，沥净水分；西芹去掉根和叶，取西芹嫩茎，切成段；干红辣椒去蒂，去籽，切成段。

2. 锅置火上，加上植物油烧热，加入葱花、姜末炝锅，放入干红辣椒段炒出香辣味。

3. 下入花生芽，用旺火煸炒至变色，烹入料酒，放入西芹段、酱油和白糖，用旺火翻炒至熟嫩，用水淀粉勾薄芡，淋上香油，出锅装盘即可。

素 糖醋蒜薹

原料

蒜薹 400 克，红尖椒 25 克。

调料

精盐 2 小匙，白糖 2 大匙，米醋 3 大匙，香油 1 匙，植物油少许。

制作步骤

1 蒜薹洗净，先切去两端（图①），再切成 4 厘米长的小段（图②）；红尖椒洗净，去蒂，切成碎粒。

2 净锅置火上烧热，加入适量清水烧沸，倒入蒜薹段（图③），放入植物油和少许精盐（图④），用旺火焯烫 3 分钟，捞出蒜薹段，用冷水过凉，沥净水分。

3 把蒜薹段放入容器内（图⑤），加入少许精盐和白糖，放入米醋（图⑥），加入红尖椒碎粒拌匀，淋入香油，用保鲜膜密封，放入冰箱内冷藏，食用时取出，直接上桌即可。

营养菌类

素 椒圈金针菇

原料

金针菇 400 克，小米椒 25 克，香葱 15 克。

调料

精盐少许，蒸鱼豉油 2 大匙，植物油 4 小匙。

制作步骤

1 将小米椒洗净，去蒂（图①），切成米椒圈（图②）；香葱择洗干净，切成香葱花。

2 把金针菇洗净，沥净水分，放在案板上，切去根部（图③）；蒸鱼豉油放在小碗内，加上精盐拌匀成豉油汁（图④）。

3 金针菇码放在盘内，撒上米椒圈（图⑤），淋入豉油汁。

4 把盛有金针菇的盘子放入蒸锅内（图⑥），用旺火蒸10分钟，取出金针菇，撒上香葱花，淋上烧热的植物油烫出香味即可。

素 西蓝花杏鲍菇

原料

西蓝花、杏鲍菇各 250 克，小米椒 15 克。

调料

蒜瓣 10 克，精盐 1 小匙，橙汁 2 大匙，白糖 1/2 大匙，香油少许，水淀粉 2 小匙，植物油适量。

制作步骤

1 西蓝花洗净，从每一朵花根处切断，取西蓝花小朵（图①）；杏鲍菇洗净，先从中间切开，再顶刀切成大片（图②）；小米椒去蒂，切成椒圈；蒜瓣去皮，剁成蒜末。

2 锅置火上，加入清水、少许精盐和植物油烧沸，倒入西蓝花焯烫一下，捞出，沥水；待锅内清水再沸后，倒入杏鲍菇片焯烫一下，捞出，沥水（图③）。

3 净锅置火上，加入植物油烧热，加入蒜末和西蓝花翻炒一下，加上精盐，用水淀粉勾芡（图④），出锅，码放在盘内围边。

4 锅内加入植物油烧热，放入杏鲍菇片、白糖、橙汁烧焖几分钟（图⑤），用水淀粉勾芡，淋上香油，倒在盛有西蓝花的盘内（图⑥），撒上米椒圈即可。

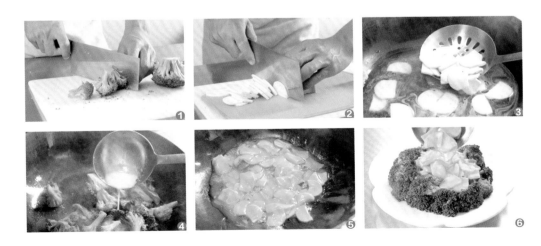

素 香辣杏鲍菇

原料

杏鲍菇 400 克，去皮花
生米 50 克。

调料

大葱 25 克，干红辣椒、
麻椒各 10 克，白糖、酱
油、米醋、蚝油各 1 大匙，
辣椒油 1 小匙，植物油
适量。

制作步骤

1 杏鲍菇洗净，切成小块；大葱取葱白部分，
切成小段；干红辣椒去蒂，切成段。

2 净锅置火上，加入植物油烧至五成热，放入
去皮花生米炸至变色，捞出；油锅内再放入
杏鲍菇块，用旺火炸2分钟，捞出，沥油。

3 锅内留少许底油烧热，加入葱白段、干红辣
椒段、麻椒炒出香辣味，加入酱油、白糖、
米醋、蚝油，倒入杏鲍菇块炒匀，撒上去皮
花生米，淋入辣椒油即可。

灌清漣而不妖
出滋泥而不染

素 小米剁椒杏鲍菇

原料

杏鲍菇 300 克，小米饭 75 克，红尖椒、绿尖椒各 40 克。

调料

葱末、姜末各 5 克，剁辣椒 1 大匙，精盐 1 小匙，料酒、酱油各 2 小匙，植物油适量。

制作步骤

1 杏鲍菇放入淡盐水中浸泡并洗净，捞出，切成丁，加入少许精盐、料酒和酱油拌匀，放入热油锅内炸至上色，捞出，沥油；红尖椒、绿尖椒分别去蒂，去籽，切成丁。

2 净锅置火上，加入植物油烧至五成热，倒入剁辣椒、姜末、葱末煸炒一下，倒入小米饭炒至干香。

3 放入杏鲍菇丁、红尖椒丁、绿尖椒丁，加入精盐、料酒和酱油炒匀，装盘上桌即可。

素 香菇油菜

原料

鲜香菇 200 克，油菜 150 克，红尖椒 10 克。

调料

蒜瓣 15 克，精盐 1 小匙，蚝油 2 大匙，生抽、料酒各 2 小匙，水淀粉、植物油各适量。

制作步骤

1　鲜香菇洗净，沥净水分，切去根蒂，斜刀切成小块（图①）；油菜洗净，去掉根，顺长切成两半（图②）；蒜瓣去皮，剁成蒜末；红尖椒去蒂，切成细丝。

2　炒锅置火上烧热，倒入适量清水，加入少许精盐和植物油烧沸，下入油菜焯烫一下，捞出，沥水，码放在深盘内（图③）；把鲜香菇块放入沸水锅内焯烫一下，捞出，沥水（图④）。

3　净锅置火上，加入植物油烧至六成热，加入蒜末煸炒出香味，烹入料酒，加入少许清水、生抽、精盐和蚝油炒出香味，加入香菇块（图⑤），用小火烧至入味，用水淀粉勾芡，出锅，倒在盛有油菜的深盘内（图⑥），撒上红椒丝加以点缀即成。

素 蚝皇扣花菇

原料

小花菇 100 克，西蓝花 200 克。

调料

精盐 1 小匙，蚝油 1 大匙，生抽、白糖各 2 小匙，水淀粉、植物油各适量。

制作步骤

1　小花菇洗净，放在容器内，加入适量的温水浸泡至涨发，捞出小花菇，再换清水漂洗干净；泡花菇的清水过滤后留用。

2　西蓝花去掉根茎，取嫩西蓝花瓣，放入沸水锅内，加入精盐和植物油焯烫至熟，捞出西蓝花瓣，沥净水分，码放在盘内围边。

3　净锅置火上，加入植物油烧热，倒入泡花菇的水烧沸，放入小花菇、蚝油、白糖、生抽，用小火烧15分钟至花菇入味，用水淀粉勾芡，倒在盛有西蓝花瓣的盘内即可。

素 避风塘菌盒

原料

杏鲍菇 300 克，绿豆芽 150 克，面包糠、香炸粉各 100 克。

调料

蒜末 75 克，姜末 5 克，精盐、香油各 1 小匙，豆豉、腐乳汁各 1 大匙，植物油适量。

制作步骤

1 蒜末放入油锅内炸至呈金黄色，取出；绿豆芽剁碎，加入姜末、精盐、腐乳汁和香油拌匀成馅料；香炸粉加入清水调匀成糊。

2 杏鲍菇洗净，切成圆形连刀片，中间酿入馅料，放入香炸粉糊内拌匀成菌盒，再放入烧热的油锅内炸至色泽金黄，捞出，沥油。

3 净锅置火上烧热，倒入炸蒜末，放入面包糠和豆豉翻炒一下，待面包糠发黄时，倒入炸好的菌盒，快速翻炒均匀，装盘上桌即可。

素 木耳洋葱丝

原料

洋葱、红椒、胡萝卜各
50克，木耳15克，香
菜10克。

调料

蒜末15克，精盐1小匙，
米醋2小匙，香油、辣
椒油各少许。

制作步骤

1 木耳放在容器内，倒入温水（图①），浸泡20分钟至涨发，捞出，撕成小块，放入沸水锅内焯烫一下（图②），捞出木耳块，过凉、沥水。

2 红椒去蒂，去籽，切成丝（图③）；洋葱洗净，切成细丝（图④）；胡萝卜洗净，去皮，切成细丝；香菜择洗干净，切成小段。

3 把水发木耳块、胡萝卜丝、洋葱丝放在容器内，加入香菜段和辣椒油拌匀（图⑤）。

4 加入红椒丝、蒜末、精盐、米醋和香油，充分搅拌均匀（图⑥），码盘上桌即成。

素 虫草花土豆丝

原料

鲜虫草花、土豆各 150 克，香菜 10 克。

调料

干红辣椒 10 克，葱花 5 克，精盐 1 小匙，白醋 2 小匙，味精、香油各少许，植物油 2 大匙。

制作步骤

1. 鲜虫草花洗净，切去根部，放入清水中浸泡 10 分钟，捞出，沥净水分；香菜去根和叶，取嫩香菜梗，切成小段。

2. 土豆去皮，切成丝，放入清水中浸泡，以去掉部分淀粉，捞出；干红辣椒切成丝。

3. 净锅置火上，加入植物油烧热，放入葱花、干红辣椒丝炝锅，放入土豆丝、鲜虫草花炒至熟，放入精盐、白醋和味精调好口味，撒上香菜段，淋入香油，出锅装盘即可。

（素）干锅鹿茸菌

原料

鹿茸菌 100 克，西芹 125
克，泰椒 15 克。

调料

葱丝、姜丝各 5 克，精盐
少许，蚝油、酱油各 1 大
匙，白糖、香油各 1 小匙，
植物油适量。

制作步骤

1. 鹿茸菌放在盆内，加入温水浸泡至涨发，捞
出，去根，攥净水分；西芹去根和叶，洗
净，切成细条；泰椒去蒂，切成泰椒圈。

2. 净锅置火上烧热，加入植物油烧至六成热，
放入鹿茸菌，用小火不断翻炒，待把鹿茸菌
炒干水分时，取出。

3. 锅内加入少许植物油烧热，加入姜丝、葱丝
炝锅，放入鹿茸菌、西芹条和泰椒圈炒匀，
加入精盐、蚝油、酱油和白糖调好口味，淋
入香油，出锅上桌即可。

㊙翡翠木耳

原料

菜心 150 克，红柿子椒 25 克，木耳 15 克。

调料

蒜瓣 10 克，精盐 1 小匙，生抽 2 小匙，植物油 1 大匙。

制作步骤

1 把木耳放到大碗中，倒入适量清水泡发，取出水发木耳，去掉蒂，撕成小块，放入沸水锅内（图①），用旺火焯烫3分钟，捞出木耳块（图②），沥净水分。

2 菜心用清水浸泡并洗净，取出，沥净水分，去掉菜根，切成段（图③）；红柿子椒去蒂、去籽、洗净、切成细条；蒜瓣去皮，切成蒜片。

3 净锅置火上，放入植物油烧至六成热，放入蒜片炒出香味（图④），放入菜心段炒至软，倒入水发木耳块翻炒均匀（图⑤），放入精盐、生抽调好口味，撒上红柿子椒条翻炒均匀（图⑥），出锅装盘即可。

素 冰糖双耳

原料

红枣 75 克，木耳 10 克，银耳 1 个，枸杞子 5 克。

调料

冰糖 75 克。

制作步骤

1 把木耳放入大碗中，加入清水（图①），浸泡至涨发，捞出水发木耳，去掉菌蒂，撕成小块（图②），放入沸水锅内焯烫一下，捞出木耳块，沥水。

2 银耳放入大碗中，倒入清水（图③），浸泡至涨发，捞出银耳，去掉银耳的硬底（图④），再把水发银耳撕成小块，放入沸水锅内焯烫一下，捞出，沥水；红枣洗净，去掉枣核，放入蒸锅内蒸5分钟，取出；枸杞子择洗干净。

3 净锅置火上，放入清水、水发银耳块和水发木耳块（图⑤），烧沸后撇去浮沫，倒入冰糖（图⑥），加入红枣，用小火煮约1小时，加入枸杞子煮3分钟，出锅上桌即可。

素 西芹拌木耳

原料

西芹 300 克，胡萝卜 100 克，红椒、洋葱各 25 克，木耳 10 克。

调料

蒜瓣15克，精盐1小匙，米醋2小匙，香油适量，辣椒油1大匙。

制作步骤

1 西芹择洗干净，去掉根、叶和筋膜，放在案板上，先切成长约5厘米的段（图①），再把西芹段切成小条（图②），放入沸水锅内焯烫一下，捞出，过凉，沥水。

2 胡萝卜洗净，去皮，切成细丝（图③）；蒜瓣去皮，剁成蒜末；红椒择洗干净，切成小条；洋葱洗净，切成丝。

3 木耳放在容器内，倒入清水浸泡至涨发，捞出木耳，去掉菌蒂，撕成小块，放入沸水锅内焯烫一下（图④），捞出，沥净水分。

4 西芹条、水发木耳块、胡萝卜丝、洋葱丝和红椒条放在容器内（图⑤），加入精盐、辣椒油和米醋拌匀（图⑥），再放入蒜末、香油拌匀即可。

❶

❷

❸

❹

❺

❻

素山药木耳豌豆

原料

山药 250 克，豌豆粒 25 克，木耳 10 克，红椒少许。

调料

姜片 5 克，精盐 1 小匙，水淀粉、清汤各 1 大匙，植物油 2 大匙，香油 1 小匙。

制作步骤

1 木耳放入容器内，加入清水（图①），浸泡至涨发，捞出水发木耳，去掉菌蒂，撕成大块；山药削去外皮，先斜刀切成菱形块，再切成菱形片（图②）；红椒去蒂，去籽，洗净，切成菱形块（图③）。

2 锅置火上，倒入清水烧沸，放入水发木耳块、山药片焯烫3分钟（图④），再加入豌豆粒、红椒块焯烫1分钟，一起捞出，沥净水分。

3 净锅置火上，倒入植物油烧至六成热，加入姜片炝锅，倒入山药片、水发木耳块、豌豆粒、红椒块、清汤和精盐（图⑤），快速翻炒均匀，用水淀粉勾薄芡（图⑥），淋入香油，出锅装盘即可。

㉛ 黑椒煎平菇

原料

口蘑 100 克，芝麻 15 克，特细辣椒丝少许。

调料

姜汁 5 克，黑胡椒碎 2 小匙，料酒 1 大匙，精盐、味精各少许，植物油适量。

制作步骤

1 口蘑放入温水中浸泡至涨发，捞出，放入沸水锅内焯烫2分钟，取出，放在案板上。

2 用筷子盖在口蘑的一侧，再用刀每隔0.2厘米切一刀，切出很多细条，切完后用刀向一个方向推一下，使切出来的长条朝同一侧散开成形，放在容器内，加入姜汁、料酒、精盐和味精拌匀，腌制15分钟。

3 平锅置火上烧热，刷上植物油，放上口蘑，用中火煎至色泽黄亮，烹入少许料酒，撒上少许精盐，加入芝麻和黑胡椒碎煎出香味，出锅，码放在盘内，撒上特细辣椒丝即可。

素 什锦草菇

原料

草菇 250 克，水发木耳、黄瓜、白菜各 50 克，胡萝卜 30 克。

调料

精盐 1 小匙，白糖、味精、花椒油各少许，植物油 2 大匙。

制作步骤

1. 草菇洗净，切成片，放入沸水锅内焯烫一下，捞出，沥水；水发木耳去蒂，撕成小块；黄瓜、胡萝卜分别洗净，均切成薄片；白菜择洗干净，切成小片。

2. 净锅置火上，加入植物油烧至六成热，放入草菇片、黄瓜片、水发木耳块、胡萝卜片翻炒一下。

3. 加入白菜片炒匀，放入精盐、白糖和味精调好口味，淋入花椒油，出锅上桌即可。

素 菌味菊花豆腐

原料

羊肚菌…………… 100 克
内酯豆腐……………1 块
净菜心…………… 25 克
枸杞子…………… 少许
纯净水…………… 适量

调料

精盐……………1 小匙
胡椒粉…………… 少许

制作步骤

1 羊肚菌洗净，放在容器内，倒入纯净水浸过羊肚菌，浸泡1小时，待纯净水变成酒红色，羊肚菌完全涨发后，捞出羊肚菌；把浸泡羊肚菌的纯净水过滤，留用汤汁。

2 把内酯豆腐切成5厘米见方的块，放在案板上，前后各放上一根筷子，横纵分别切上细的十字花刀成菊花豆腐，再把切好的菊花豆腐分盛在炖盅内。

3 每个炖盅内放入羊肚菌，摆上枸杞子，加入浸泡羊肚菌的汤汁，上屉蒸10分钟，加入精盐、胡椒粉和净菜心，继续蒸3分钟即可。

素 香煎松茸

原料

鲜松茸………… 300 克

调料

精盐…………… 1 小匙
黑胡椒碎………… 少许
橄榄油…………… 适量

制作步骤

1 用手轻轻剥去鲜松茸上的泥土和杂草，用刷子轻轻地刷掉松茸表面的沙土，用陶瓷刀（或竹刀）把根部削净。

2 鲜松茸置于流水下，一边冲洗，一边用毛刷刷洗干净（动作要快，松茸不能长时间的浸水，会影响口感），用厨房用纸将清洗过的松茸多余的水分擦干，切成大片。

3 平底锅置火上烧热，刷上橄榄油，码放入鲜松茸片，用小火煎至松茸片呈淡黄色时，撒上精盐和黑胡椒碎，出锅上桌即可。

素 小炒茶树菇

原料

鲜茶树菇 400 克，香葱 25 克，泰椒 15 克。

调料

精盐、香油各 1 小匙，蚝油、酱油各 2 小匙，素汤、植物油各适量。

制作步骤

1 鲜茶树菇洗净，切成4厘米长的段（粗的茶树菇撕成两条）；香葱洗净，去根和老叶，切成小段；泰椒去蒂，切成椒圈。

2 净锅置火上，加入植物油烧至六成热，放入茶树菇炸至色泽焦黄，捞出，沥油。

3 锅内留少许底油，复置火上烧热，放入香葱段、泰椒圈炒出香辣味，加入素汤、精盐、蚝油、酱油烧沸，倒入炸好的茶树菇，用旺火翻炒均匀，淋入香油，出锅装盘即可。

素 风味白玉菇

原料

鲜白玉菇 400 克，黄椒、红椒各 35 克。

调料

大葱、姜块各 10 克，精盐少许，料酒 1 大匙，蚝油、酱油各 2 小匙，白糖 1 小匙，水淀粉、植物油各适量。

制作步骤

1. 白玉菇去根，洗净，每个都掰开；黄椒、红椒分别去蒂，去籽，洗净，切成小条；大葱洗净，切成葱花；姜块去皮，切成末。

2. 净锅置火上烧热，加入清水、少许精盐和植物油烧沸，倒入白玉菇焯烫2分钟，捞出白玉菇，沥净水分。

3. 锅内加入植物油烧至六成热，放入葱花、姜末炝锅，加入白玉菇炒3分钟，烹入料酒，加入黄椒条、红椒条、精盐、蚝油、酱油、白糖炒匀，用水淀粉勾芡，出锅上桌即可。

豆制品

㊙豆豉椒香豆腐

原料

豆腐 400 克，小米椒 25 克，香葱 15 克。

调料

豆豉 1 大匙，蒸鱼豉油 2 大匙，植物油 4 小匙。

制作步骤

1 将小米椒洗净，去蒂（图①），切成米椒圈（图②）；豆腐片去老皮，切成1厘米厚、3厘米宽、8厘米长的大片（图③）；香葱洗净，切成香葱花。

2 将豆腐片放入沸水锅内焯烫2分钟，捞出，沥净水分，码放在盘内，淋上蒸鱼豉油（图④），撒上米椒圈和豆豉（图⑤）。

3 把盛有豆腐片的盘子放入蒸锅内（图⑥），盖上蒸锅盖，用旺火蒸约10分钟至入味，取出蒸好的豆腐片，撒上香葱花，淋上烧至九成热的植物油烫出香味，直接上桌即可。

素 菌香豆腐

原料

豆腐 400 克，水发香菇、金针菇各 50 克，枸杞子、香菜各少许。

调料

精盐 1 小匙，酱油、蚝油各 1 大匙，白糖、味精、香油各少许，淀粉 2 大匙，素汤、植物油各适量。

制作步骤

1 水发香菇去掉菌蒂，切成小粒；金针菇洗净，切碎，与水发香菇粒一起放入沸水锅内焯烫一下，捞出，沥水；香菜切成碎末。

2 豆腐放入容器内捣碎，加入香菇粒、金针菇、精盐、香油、淀粉拌匀成蓉，倒入深盘内并抹平，放入蒸锅内蒸至熟，取出，凉凉，切成块，放入油锅内炸上颜色，捞出。

3 锅置火上烧热，加入素汤、精盐、酱油、蚝油、白糖和味精烧沸，放入豆腐块、枸杞子，用小火烧至入味，撒入香菜碎末即可。

素 冰霜豆果

原料

豆腐 300 克，面包糠 150 克，红豆沙 75 克，朱古力彩珠少许。

调料

精盐少许，白糖 100 克，面粉 75 克，植物油适量。

制作步骤

1. 把红豆沙团成小球；豆腐放入容器内，用手抓碎，加入精盐和少许白糖拌匀，再放入面粉，搅拌均匀成豆腐蓉。

2. 取少许豆腐蓉，放在手掌上稍压，中间摆上一个小红豆沙球，轻轻包裹好成豆腐球，放入盛有面包糠的盘内，滚粘上一层面包糠，轻轻压一下成豆果生坯。

3. 锅置火上，放入植物油烧热，加入豆果生坯炸至色泽金黄，捞出，沥油，放在盛有白糖的盘内蘸匀，再撒上朱古力彩珠即可。

㊋炒豆腐蓉

原料

豆腐 1 块（约 400 克），
香葱 10 克。

调料

姜块、干红辣椒各 5 克，
精盐 1 小匙，料酒 2 大
匙，素汤 100 克，植物
油适量，香油少许。

制作步骤

1 香葱去根和老叶，洗净，切成香葱花；姜块
去皮，切成末；干红辣椒去蒂，用清水浸泡
至软，取出，大的剪成小段。

2 把豆腐沥净水分，放在容器内，先加入精盐
（图①），再放入料酒（图②），加入素
汤，用筷子均匀地抽打成豆腐蓉（图③）。

3 净锅置火上烧热，倒入植物油烧至五成热，
放入姜末炝锅，倒入豆腐蓉（图④）。

4 用手勺不断搅拌并翻炒3分钟（图⑤），加
入少许精盐和干红辣椒，继续搅炒成蓉状，
淋入香油，出锅，倒在容器内（图⑥），趁
热撒上香葱花，直接上桌即可。

㊗ 清汤迷你莲藕

原料

内酯豆腐 400 克，竹荪 25 克，豌豆粒 15 克。

调料

精盐 1 小匙，淀粉 4 小匙，鸡汁、味精、胡椒粉各少许，植物油 1 大匙，素汤适量。

制作步骤

1　把内酯豆腐放在容器内，用小匙碾碎，加入少许精盐、淀粉、味精和胡椒粉搅拌均匀成豆腐蓉；竹荪用清水浸泡至涨发，换清水洗净，剪开并修整为圆形小片。

2　取圆形小模具，刷上一层植物油，摆入竹荪片垫底，放入调好的豆腐蓉并抹平，每个按上几个豌豆粒，放入蒸锅内蒸至熟，取出。

3　净锅置火上烧热，加入素汤烧沸，轻轻放入蒸好的豆腐蓉，再沸后撇去浮沫，加入鸡汁、精盐、味精调好口味，出锅上桌即可。

素 家常豆腐

原料

豆腐 250 克，彩椒 75 克，鲜香菇 25 克。

调料

姜末 15 克，精盐、香油各 1 小匙，味精 1/2 小匙，白糖、豆瓣酱、酱油各 1 大匙，素汤、植物油各适量。

制作步骤

1 豆腐切成三角块，放入烧热的油锅中炸至上色，捞出；彩椒去蒂，去籽，洗净，切成小块；鲜香菇洗净，去蒂，切成小块。

2 净锅置火上，加入少许植物油烧至六成热，下入姜末和豆瓣酱炒出香辣味，加入素汤烧沸，捞出锅内杂质不用。

3 放入白糖、精盐、酱油、味精调好口味，放入豆腐块、彩椒块和香菇块，用小火烧约2分钟，改用旺火收浓汤汁，淋入香油，出锅装盘即可。

素 丝瓜芽豆腐汤

原料

豆腐 200 克，丝瓜芽 100 克。

调料

大葱 10 克，姜块 5 克，精盐 1 小匙，料酒 2 小匙，香油少许，植物油 1 大匙。

制作步骤

1 丝瓜芽洗净，切成段（图①），放入清水锅内，加入少许精盐焯烫一下，捞出丝瓜芽，过凉，沥净水分；豆腐先切成2厘米厚的大块（图②），再切成2厘米见方的小块（图③）；大葱去根和老叶，切成末；姜块去皮，也切成末。

2 净锅置火上，加上植物油烧至六成热，放入姜末、葱末炝锅出香味，烹入料酒，加入清水煮至沸。

3 加入豆腐块（图④），用中火煮约5分钟，放入精盐（图⑤），加入丝瓜芽段（图⑥），继续煮至丝瓜芽熟嫩，淋入香油，出锅上桌即可。

素 琵琶豆腐

原料

豆腐 400 克，水发木耳 50 克，净油菜心适量。

调料

大葱、姜块各 10 克，精盐 1 小匙，黑胡椒汁、蚝油各 1 大匙，淀粉、水淀粉、植物油各适量。

制作步骤

1 水发木耳切碎；大葱去根，切成末；姜块去皮，也切成末；净油菜心放入沸水锅内焯烫一下，捞出，沥水，码放在盘内围边。

2 豆腐放入容器内捣碎，加入木耳碎、葱末、姜末、精盐和淀粉拌匀成豆腐蓉，分别放在大匙内抹平，放入油锅内煎一下，取出。

3 锅内加入少许植物油烧热，加入姜末，倒入清水，放入精盐、蚝油、黑胡椒汁烧沸，加入煎好的豆腐，用小火烧至入味，用水淀粉勾芡，出锅，放在盛有油菜心的盘内即可。

素 清汤菊花豆腐

原料

日本豆腐········· 400 克
油菜················· 75 克
枸杞子··············· 少许

调料

精盐················1 小匙
胡椒粉··········1/2 小匙
味精················· 少许
素汤················· 适量

制作步骤

1 每个日本豆腐切成两段；枸杞子用清水浸泡并洗净；油菜去根，取嫩油菜心。

2 把日本豆腐段竖着放在案板上，用两根筷子夹着，然后用刀竖着切（间距要拿捏好），然后转90°，继续切下成菊花豆腐。

3 取几个炖盅，每个炖盅放入一个菊花豆腐，加入油菜心和枸杞子，放入少许精盐、胡椒粉和味精，加入素汤，放入蒸锅内，用旺火隔水炖10分钟，取出，直接上桌即可。

素 三鲜豆腐

原料

豆腐300克，油菜75克，鲜香菇50克，枸杞子10克。

调料

姜片10克，精盐、胡椒粉各少许，料酒2小匙，植物油1大匙，香油1小匙。

制作步骤

1 豆腐切成4厘米长、2厘米宽、1厘米厚的大片（图①），放入沸水锅内焯烫2分钟，捞出豆腐片，沥净水分；油菜去根和老叶，洗净，顺长切成条（图②）。

2 鲜香菇洗净，沥水，去掉菌蒂，切成小块（图③），放入沸水锅内（图④），加入少许精盐和料酒焯烫一下，捞出，沥水。

3 锅置火上，加入植物油烧热，放入姜片炝锅出香味，加入清水和香菇块煮5分钟，倒入焯烫好的豆腐片（图⑤），继续煮几分钟。

4 烹入料酒，加入胡椒粉、精盐调好汤汁口味，加入油菜段稍煮，淋上香油（图⑥），加入枸杞子煮2分钟，出锅装碗即成。

㊙ 香椿小豆腐

原料

豆腐（卤水）··· 400 克

香椿············ 100 克

萝卜苗··········· 少许

调料

精盐················1 小匙

香油················1 大匙

辣椒油············· 少许

植物油············· 适量

制作步骤

1 把卤水豆腐放入沸水锅内焯烫1分钟，捞出，过凉，沥净水分，放在容器内，用筷子（或手）抓碎，放入烧热的油锅内煸炒一下，加入精盐和香油炒匀，取出，凉凉。

2 香椿洗净，沥水，去根，放入沸水锅内焯烫一下，捞出，过凉，攥净水分，切成碎粒，加入少许精盐、香油和辣椒油拌匀。

3 取几个模具，放入一层豆腐，中间放入香椿，最后放入一层豆腐并压实，去掉模具，码放在盘内，用洗净的萝卜苗点缀即可。

素 香煎豆腐

原料

豆腐 400 克。

调料

葱花、姜末各少许，精盐、白糖各 1 小匙，素汤、料酒、花椒水、酱油、水淀粉、植物油各适量。

制作步骤

1 豆腐放入淡盐水中浸泡以去除豆腥味，取出，沥水，切成长5厘米、宽3厘米的长方片，码放在盘内，加入少许葱花、精盐和料酒，腌渍10分钟，再滗去水分。

2 净锅置火上，加入植物油烧至六成热，放入豆腐片煎至色泽金黄，捞出，沥油。

3 锅内留少许底油烧热，下入葱花、姜末炝锅，放入素汤、料酒、精盐、花椒水、酱油、白糖烧沸，去掉杂质，加入煎好的豆腐片烧入味，用水淀粉勾芡，出锅装盘即成。

素 香菜拌豆腐

原料

豆腐 500 克，香菜 50 克，红椒 25 克。

调料

精盐 1 小匙，生抽 2 小匙，香油少许。

制作步骤

1 把豆腐先切成长条（图①），再切成2厘米大小的块（图②），放入沸水锅内，加入少许精盐焯烫2分钟，捞出豆腐块，过凉，沥净水分。

2 红椒去蒂，去籽，洗净，切成小粒；把香菜洗净，沥净水分，去根和老叶，切成碎末（图③）。

3 将豆腐块、香菜末放入容器内（图④），先加入精盐和生抽（图⑤），轻轻搅拌均匀，淋入香油，装入盘内，撒上红椒粒，用筷子搅拌均匀即可（图⑥）。

素 家常千页豆腐

原料

千页豆腐 400 克，蒜苗 25 克，泰椒 15 克。

调料

姜块、蒜瓣各 5 克，精盐、白糖各 1 小匙，豆瓣酱、料酒各 1 大匙，酱油 2 小匙，素汤、植物油各适量。

制作步骤

1. 蒜苗洗净，去根和老叶，切成小段；泰椒去蒂，去籽，切成泰椒圈；姜块去皮，切成小片；蒜瓣去皮，切成片。

2. 千页豆腐切成厚约0.2厘米的圆片，放入烧至六成热的油锅内，用旺火煎炸至色泽金黄，捞出，沥油。

3. 锅内留少许底油烧热，加入姜片、蒜片和豆瓣酱炒匀，烹入料酒，加入精盐、白糖、酱油和素汤烧沸，倒入千页豆腐烧2分钟，加入蒜苗段和泰椒圈稍炒，出锅上桌即可。

熊掌豆腐

原料

内酯豆腐 400 克，鸡蛋清 4 个，净莴笋条适量。

调料

精盐 1 小匙，味精、胡椒粉、香油各少许，素汤、水淀粉各适量。

制作步骤

1. 内酯豆腐放入容器内搅碎，加入鸡蛋清拌匀，放入精盐、味精、胡椒粉拌匀成豆腐糊；把净莴笋条放入沸水锅内，加入少许精盐焯烫至熟，捞出，码放在盘内垫底。

2. 取象形熊掌器皿，抹上香油，装入豆腐糊，修成熊掌的形状，放入蒸锅内，用旺火蒸 10 分钟，取出，码放在盛有莴笋条的盘内。

3. 净锅置火上烧热，加入素汤、精盐、味精、胡椒粉烧沸，用水淀粉勾芡，淋入香油，浇淋在熊掌豆腐上即可。

素 素酿豆腐

原料

豆腐 400 克，豆芽、莴笋、胡萝卜、水发木耳丝、水发粉丝各 50 克，鸡蛋皮丝 1 张，面包糠适量。

调料

精盐 1 小匙，香油、味精各少许，植物油适量。

制作步骤

1. 豆芽去根，洗净；莴笋、胡萝卜去皮，均切成细丝，放入沸水锅内焯烫一下，捞出，沥水，加入豆芽、水发木耳丝、鸡蛋皮丝、水发粉丝、精盐、味精和香油拌匀成馅料。

2. 把豆腐切成5厘米大小的块，放入烧热的油锅内炸至上色，捞出豆腐块。

3. 用小刀在豆腐块的侧面切开（不要切断），挖出豆腐瓤，酿入调拌好的馅料，滚上一层面包糠，放入烧至六成热的油锅内炸至色泽金黄，捞出，沥油，装盘上桌即可。

素 雪菜冻豆腐

原料

冻豆腐 300 克，腌雪里蕻（雪菜）100 克。

调料

葱花 5 克，干红辣椒 10 克，料酒 1 大匙，生抽、花椒油各 2 小匙，植物油适量。

制作步骤

1. 冻豆腐解冻，攥净水分，切成 1.5 厘米大小的块，放入烧热的油锅内煎炸一下，捞出冻豆腐块，沥油。

2. 腌雪里蕻放入清水中浸泡 30 分钟（期间换水 2 次），捞出，沥净水分，去掉菜根，切成小段；干红辣椒去蒂，切成丝。

3. 净锅置火上，加入植物油烧热，放入葱花、干红辣椒丝炝锅出香味，加入雪里蕻段稍炒，加入料酒和生抽，放入冻豆腐块，用旺火翻炒均匀，淋入花椒油，出锅上桌即可。

素 香辣豆腐丝

原料

五香豆腐丝 250 克，胡萝卜 150 克，香菜 25 克。

调料

蒜瓣 15 克，精盐 1 小匙，辣椒油 1 大匙。

制作步骤

1 把胡萝卜洗净，擦净表面水分，削去外皮（图①），去掉菜根，放在案板上，先切成薄片，再切成细丝（图②）。

2 香菜去根和老叶，切成小段（图③）；蒜瓣剥去外皮，剁成蒜蓉。

3 将五香豆腐丝放在大碗内，加入胡萝卜丝和香菜段（图④），撒上精盐拌匀，再放入蒜蓉调拌均匀（图⑤）。

4 净锅置火上烧热，放入辣椒油烧至九成热，出锅，淋在五香豆腐丝上面，食用时搅拌均匀，装盘上桌即成（图⑥）。

㉠ 腐皮鸡毛菜

原料

鲜豆腐皮 200 克，鸡毛菜 150 克。

调料

蒜瓣 10 克，精盐 1 小匙，生抽 2 小匙，白糖、味精各少许，植物油 2 大匙。

制作步骤

1. 把鲜豆腐皮放入沸水锅内，用旺火焯烫 1 分钟，捞出豆腐皮，过凉，沥水，切成细条。

2. 蒜瓣去皮，放在碗内，加入少许清水捣烂成蓉，加入精盐、生抽、味精和白糖拌匀，淋入烧热的植物油烫出香味成蒜蓉味汁。

3. 鸡毛菜去根，洗净，放入沸水锅内，加入少许精盐和植物油焯烫一下，捞出，过凉，沥水，加入鲜豆腐皮条和调制好的蒜蓉味汁拌匀，装盘上桌即可。

素 干香腐丝

原料

干豆腐 400 克，特细辣椒丝 15 克。

调料

大葱、姜片各 10 克，花椒 3 克，八角、桂皮、香叶、草果各少许，精盐 2 小匙，白糖 1 小匙，香油 1 大匙，素汤适量。

制作步骤

1. 把干豆腐切成细丝，放入沸水锅内，加入少许精盐焯烫一下，捞出；大葱去根和老叶，洗净，切成葱丝。

2. 把素汤放入净锅内，加入姜片、八角、桂皮、香叶、草果、精盐和白糖烧沸，倒入干豆腐丝，用中火煮10分钟至入味，捞出豆腐丝，放在深盘内，摆上葱丝。

3. 净锅置火上烧热，放入香油烧热，加入花椒炸至糊，捞出花椒不用，出锅，趁热淋在葱丝和干豆腐丝上，撒上特细辣椒丝即可。

ⓢ豆芽炒粉

原料

黄豆芽 300 克，韭菜 75 克，粉条 40 克。

调料

干红辣椒 10 克，大葱、蒜瓣各 10 克，精盐、白糖各 1 小匙，酱油 2 小匙，素汤 4 大匙，植物油 1 大匙，香油少许。

制作步骤

1　韭菜去根和老叶，洗净，沥水，切成小段（图①）；黄豆芽淘洗干净，放入清水锅内煮约2分钟，捞出，沥水（图②）。

2　粉条用温水浸泡至涨发，放入沸水锅内焯煮一下，捞出，沥水（图③）；干红辣椒去蒂，切成小段；蒜瓣去皮，切成小片；大葱洗净，切成葱花。

3　净锅置火上，放入植物油烧热，下入干红辣椒段、蒜片和葱花炝锅（图④），倒入焯煮好的黄豆芽煸炒均匀（图⑤）。

4　加入精盐、酱油、白糖、素汤烧沸，加入水发粉条，用小火烧至汤汁将尽，撒上韭菜段炒均匀（图⑥），淋上香油，出锅装盘即成。

素 彩椒豆腐干

原料

五香豆腐干300克，红椒、
黄椒、青椒各30克。

调料

姜末5克，精盐1/2小匙，
蚝油1大匙，胡椒粉少许，
植物油适量。

制作步骤

1 五香豆腐干切成小条；红椒、黄椒、青椒分别去蒂，去籽，洗净，也切成小条。

2 净锅置火上，加入植物油烧至五成热，放入五香豆腐干冲炸一下，再放入红椒条、青椒条和黄椒条稍炸，一起捞出，沥油。

3 锅内留少许底油，复置火上烧热，放入姜末炝锅，倒入五香豆腐干、红椒条、青椒条和黄椒条，加入精盐、蚝油和胡椒粉调好口味，装盘上桌即可。

素 干锅豆皮

原料

干豆腐皮 100 克，洋葱 50 克，泰椒 10 克。

调料

葱花、蒜片各 5 克，豆豉酱 1 大匙，蚝油、料酒各 2 小匙，味精、白糖各少许，植物油适量。

制作步骤

1. 干豆腐皮用温水浸泡至软，捞出，沥净水分，切成小片（或小条），放入烧热的油锅内冲炸一下，捞出，沥油；洋葱洗净，切成小条；泰椒去蒂，洗净，切成泰椒圈。

2. 净锅置火上烧热，放入少许植物油烧热，放入葱花、蒜片和洋葱条煸炒出香味，加入泰椒圈翻炒均匀。

3. 烹入料酒，加入豆腐皮，用旺火翻炒片刻，加入豆豉酱、蚝油、味精和白糖调好口味，出锅上桌即可。

素 芥末粉丝菠菜

原料

菠菜 250 克，细粉丝 25 克，熟芝麻少许。

调料

蒜瓣 10 克，精盐 1/2 小匙，芥末油 1 小匙，米醋、香油各 2 小匙，辣椒油少许。

制作步骤

1 菠菜清洗干净，沥净水分，放在案板上，先切去菜根，再切成段（图①）；蒜瓣去皮，剁成蒜末。

2 净锅置火上烧热，加入清水和少许精盐烧沸，倒入菠菜段焯烫一下（图②），捞出菠菜段（图③），用冷水过凉，沥净水分。

3 将细粉丝放入大碗内，加入清水浸泡至涨发，捞出细粉丝，再放入沸水锅内，快速焯烫一下，捞出，沥水（图④）。

4 把加工好的菠菜段、细粉丝放入大碗中，加入精盐、蒜末、米醋和芥末油拌匀（图⑤），再加入香油和辣椒油（图⑥），撒上熟芝麻拌匀，装盘上桌即成。

素 五彩豆干丝

原料

白豆腐干200克,胡萝卜、冬笋、西芹、水发木耳各少许。

调料

葱丝、姜丝各5克,精盐1小匙,胡椒粉、香油各少许,植物油1大匙,素汤适量。

制作步骤

1 胡萝卜去皮,切成细丝;冬笋、西芹分别洗净,也切成丝;水发木耳去蒂,切成丝。

2 白豆腐干切成细丝,放入淡盐水中浸泡一下,捞出,倒入沸水锅内焯烫一下,捞出;沸水锅内再放入胡萝卜丝、冬笋丝、西芹丝、水发木耳丝稍烫,捞出,沥水。

3 锅内加入植物油烧热,放入葱丝、姜丝炝锅,加入素汤、豆腐干丝、胡萝卜丝、冬笋丝、西芹丝和木耳丝煮至沸,加入精盐、胡椒粉调好口味,淋入香油,出锅上桌即可。

素 桂花豆芽

原料

绿豆芽 200 克，素食鱼翅 30 克，青椒、红椒各 20 克，鸡蛋黄 3 个，鲜菊花少许。

调料

精盐 1 小匙，白醋、味精各少许，植物油适量。

制作步骤

1　绿豆芽洗净，掐去两端；素食鱼翅用温水浸泡至软，捞出；青椒、红椒去蒂，去籽，切成细丝；鲜菊花取净花瓣，洗净。

2　净锅置火上，放入清水烧沸，加入少许精盐、白醋和植物油烧沸，倒入绿豆芽和素食鱼翅，快速焯烫一下，捞出，沥水。

3　净锅置火上，加入植物油烧热，加入鸡蛋黄炒至凝固，放入青椒丝、红椒丝、绿豆芽、素食鱼翅炒匀，加入精盐和味精，撒上鲜菊花瓣，出锅上桌即可。

素 炝拌豆芽

原料

绿豆芽 300 克，红椒 50 克，香菜 15 克。

调料

干红辣椒 15 克，蒜瓣 10 克，精盐 1 小匙，米醋少许，香油 2 小匙，植物油 2 大匙。

制作步骤

1 红椒去蒂，去籽，切成细丝（图①）；香菜洗净，去根和老叶，取嫩香菜茎，切成小段（图②）；干红辣椒去蒂，剪成小段。

2 绿豆芽去根，用清水漂洗干净，沥净水分；蒜瓣去皮，剁成蒜末。

3 净锅置火上烧热，倒入植物油烧至五成热，放入干红辣椒段冲炸一下（图③），出锅，倒在小碗内，凉凉成辣椒油。

4 锅置火上，倒入清水烧沸，放入绿豆芽焯烫至熟（图④），捞出，过凉，沥水，倒在容器内，加入红椒丝、香菜段拌匀（图⑤），放入精盐、米醋、辣椒油、蒜末和香油拌匀（图⑥），装盘上桌即可。

五谷杂粮

素玉米饼

原料

玉米粉 400 克，芝麻 15 克，鸡蛋 3 个。

调料

奶油 50 克，白糖 3 大匙，植物油 2 大匙。

制作步骤

1 芝麻放入热锅内，用中火煸炒至熟香，取出，凉凉；玉米粉过细筛，倒入大碗中（图①），先加入奶油，再放入白糖搅拌均匀（图②）。

2 把鸡蛋磕入盛有玉米粉的大碗内（图③），加入 4 大匙清水，再加上熟芝麻，搅拌均匀成玉米糊（图④）。

3 平底锅置火上，倒入植物油烧至五成热，用手勺取少许调好的玉米糊，倒入平锅内摊成圆形玉米饼（图⑤）。

4 待把玉米饼一面煎至上色时，翻面，继续把玉米饼两面煎烙至色泽金黄，取出玉米饼，码放在盘内（图⑥），直接上桌即可。

素 蛋黄玉米粒

原料

玉米粒300克，咸蛋黄3个，水果球、朱古力针各少许。

调料

精盐、鸡精各少许，白糖1大匙，淀粉、植物油各适量。

制作步骤

1 咸蛋黄放在大碗中，上屉，用旺火蒸5分钟至熟，取出，碾碎，加入精盐、鸡精和少许植物油拌匀。

2 玉米粒放入清水锅内煮至熟，捞出玉米粒，沥净水分，加入淀粉裹匀，放入烧至六成热的油锅内炸2分钟，捞出。

3 锅内留少许底油，复置火上烧热，放入咸蛋黄煸炒一下，加入白糖，继续用小火炒至浓稠且出香味，放入炸好的玉米粒，快速翻炒均匀，撒上水果球、朱古力针即可。

素 金米白玉

原料

白玉米……………………1 个
胡萝卜……………… 100 克
小米…………………… 25 克

调料

精盐……………………1 小匙
胡椒粉…………………1/2 小匙
味精…………………… 少许
植物油…………………… 2 大匙

制作步骤

1　小米淘洗干净，放在碗内，加入少许清水，放入蒸锅内，用旺火蒸10分钟成小米饭，取出，凉凉，用筷子拨散。

2　白玉米放入清水锅内煮至熟嫩，取出，凉凉，剥取嫩白玉米粒；胡萝卜去根，削去外皮，切成菱形小丁。

3　净锅置火上，加入植物油烧至五成热，倒入白玉米粒和胡萝卜丁炒匀，放入精盐、味精和胡椒粉调好口味，撒入熟小米饭，继续用旺火翻炒均匀，装盘上桌即可。

㊥松仁玉米

原料

甜玉米粒 300 克，胡萝卜 75 克，松子仁、豌豆粒各 25 克。

调料

白糖 1 大匙，蜂蜜 4 小匙，牛奶 3 大匙，植物油 2 大匙。

制作步骤

1. 净锅置火上烧热，放入松子仁，用小火慢慢将松子仁焙香，待松子仁变成微黄色，并且表面泛油光时，取出松子仁，凉凉。

2. 将甜玉米粒放入清水锅内煮约 5 分钟至熟，捞出，沥水；胡萝卜去皮，切成小丁；豌豆粒洗净。

3. 净锅置火上，加入植物油烧至六成热，加入胡萝卜丁、甜玉米粒和豌豆粒炒匀，加入白糖、蜂蜜和牛奶翻炒均匀，撒入松子仁，出锅装盘即可。

素 吐丝玉米酥

原料

红薯·············· 300 克

玉米酥············ 150 克

调料

蜂蜜················1 大匙

白糖·············· 125 克

植物油············· 适量

制作步骤

1 把红薯刷洗干净，切成两半，放入蒸锅内，用旺火蒸10分钟至熟，取出红薯，凉凉，剥去外皮，放在容器内压成泥，加入蜂蜜拌匀成红薯泥。

2 把红薯泥团成小球状，滚蘸上一层玉米酥并轻轻压实，放入烧热的油锅内炸至色泽金黄成玉米酥，捞出，沥油。

3 净锅置火上，加入少许植物油、清水和白糖，用小火炒至起小泡并浓稠，颜色呈黄亮时，放入玉米酥，离火，快速颠锅，使糖汁裹匀玉米酥并出丝，装盘上桌即可。

素红豆米粥

原料

红豆75克，大米50克。

调料

冰糖3大匙。

制作步骤

1 将红豆淘洗干净，放在容器内，加入适量的清水（图①），浸泡4小时；大米淘洗干净，放在另一容器内，倒入清水浸泡30分钟（图②）。

2 净锅置火上，放入足量清水，加入淘洗好的红豆（图③），用旺火烧煮至沸，撇去浮沫，改用小火煮20分钟。

3 倒入大米（图④），继续用小火熬煮30分钟至豆熟、米烂（图⑤），加入冰糖，改用旺火熬煮至浓稠，出锅，盛放在大碗内（图⑥），直接上桌即可。

素 豆薯薏米红豆羹

原料

豆薯·············· 1个

红豆············· 75克

薏米············· 50克

红枣············· 25克

调料

蜂蜜············· 2大匙

制作步骤

1 豆薯去根，放入淡盐水中浸泡并刷洗干净，擦净水分，在距豆薯尾部三分之一处切下做成盖（图①），再把豆薯瓤挖出（图②）；红枣洗净，去掉枣核，取净红枣肉。

2 把红豆、薏米放入清水中浸泡4～6小时（一般红豆浸泡4小时，薏米浸泡6小时以上），再把红豆、薏米放入净锅内，倒入适量清水（图③），先用旺火煮沸，再改用中小火煮至熟，撇去杂质（图④）。

3 把红枣肉、煮熟的红豆、薏米放入豆薯中（图⑤），加上蜂蜜调拌均匀，放入蒸锅中，盖上之前切下的豆薯盖（图⑥），用旺火蒸约15分钟，取出，直接上桌即成。

137

素桂花糯米藕

原料

莲藕 500 克，糯米 150 克。

调料

桂花酱 2 大匙，蜂蜜 1 大匙。

制作步骤

1 把糯米淘洗干净，放在容器内，倒入适量的清水浸泡2小时；莲藕刷洗干净，削去外皮（图①），放在案板上，在莲藕较粗的一端4厘米处切开（图②），把浸泡过的糯米顺着莲藕的每一个孔灌进去（图③），注意莲藕不要灌得太满，因为糯米煮的过程中会膨胀。

2 将切下来的莲藕头盖上，用牙签固定成糯米藕生坯（图④），放入清水锅内焯烫一下，捞出。

3 将糯米藕生坯放入沸水锅中，加入少许桂花酱和蜂蜜（图⑤），烧沸后用小火煮40分钟至糯米藕软糯熟香（图⑥），捞出糯米藕，凉凉，切成圆片，码放在盘内，淋上少许桂花酱即可。

素 蚕豆桃仁

原料

鲜蚕豆 250 克，核桃仁 100 克，红椒 30 克。

调料

精盐 1 小匙，味精、胡椒粉、香油各少许，水淀粉 2 小匙，植物油 2 大匙。

制作步骤

1 鲜蚕豆剥去外皮，取净鲜蚕豆瓣，放入沸水锅内，加入少许精盐和植物油焯烫一下，捞出，过凉，沥净水分。

2 核桃仁放在大碗内，加入适量的温水浸泡，捞出核桃仁，剥去皮；红椒去蒂，去籽，洗净，切成小块。

3 净锅置火上，加入植物油烧热，放入红椒块、鲜蚕豆瓣和核桃仁翻炒均匀，加入精盐、味精、胡椒粉调好口味，用水淀粉勾芡，淋入香油，装盘上桌即可。

素 百合豌豆

原料

鲜豌豆荚300克，鲜百合75克，胡萝卜60克。

调料

姜块5克，精盐1小匙，鸡精、味精各少许，料酒1大匙，植物油适量。

制作步骤

1. 鲜豌豆荚洗净，剥去外壳，取净豌豆粒，放入淡盐水中浸泡10分钟，捞出，沥净水分；姜块去皮，切成末。

2. 鲜百合去掉根，取鲜百合瓣，放入沸水锅内焯烫一下，捞出，沥水；胡萝卜去皮，切成花片。

3. 净锅置火上，加入植物油烧至五成热，放入姜末和胡萝卜片稍炒，烹入料酒，加入豌豆粒和百合瓣炒匀，加入精盐、味精、鸡精调好口味，装盘上桌即可。

素 黑芝麻糊

原料

黑芝麻 400 克，糯米粉 200 克。

调料

白糖 2 大匙。

制作步骤

1 黑芝麻放入烧热的净锅内（图①），用小火慢慢翻炒片刻（图②），待把黑芝麻炒出香味时，出锅，倒入盘内，凉凉（图③）。

2 净锅置火上烧热，倒入糯米粉，用小火慢炒约5分钟（图④），待把糯米粉炒至色泽微黄时，取出。

3 将炒好的黑芝麻放入石臼中，用捣蒜锤将其捣碎成黑芝麻粉（图⑤），食用时把黑芝麻粉和熟糯米粉按照2：1的比例放在大碗内（图⑥），加入白糖拌匀，再倒入适量的沸水，充分搅拌均匀成浓糊状，直接上桌即成。

素 南瓜杂粮饭

原料

南瓜……………… 1 个

红豆…………… 100 克

绿豆…………… 75 克

大米、糯米… 各 50 克

黑米、小米… 各 40 克

制作步骤

1 红豆、绿豆、黑米、小米、糯米、大米淘洗干净，分别放在容器内浸泡。（红豆、绿豆浸泡10小时为佳；黑米浸泡2小时；小米、糯米、大米浸泡1小时）。

2 南瓜洗净，擦净水分，先从南瓜上面1/5处下刀（图①），切开成南瓜盖，再把南瓜挖去瓜瓤（图②），洗净成南瓜盅（图③）。

3 将泡好的红豆、绿豆、黑米、小米、糯米和大米沥净水分，放在干净容器内搅拌均匀成什锦杂粮，倒入南瓜盅内（图④），加入适量的清水。

4 蒸锅内加上清水，置火上烧沸，把南瓜盅放在蒸锅内，盖上南瓜盖（图⑤），用旺火蒸30分钟至熟（图⑥），出锅上桌即成。

素 番茄黄豆

原料

黄豆 100 克，番茄 75 克，
豌豆粒 25 克。

调料

姜块 10 克，精盐 1 小匙，
番茄酱、白糖各 1 大匙，
素汤适量，植物油 4 小匙。

制作步骤

1. 把黄豆放入清水盆内浸泡1天（期间换清水2次），捞出，放入容器内，加入少许清水，上屉，用旺火蒸20分钟，取出。

2. 番茄洗净，去蒂，切成1厘米大小的丁；豌豆粒洗净；姜块去皮，切成细末。

3. 净锅置火上，加入植物油烧至六成热，放入姜末炒香，加入素汤、黄豆、番茄丁、番茄酱、白糖和精盐，用中火烧5分钟，放入豌豆粒，用旺火收浓汤汁，出锅上桌即可。

⒮ 高粱米芹菜

原料

高粱米 125 克，芹菜 100 克，红椒、黄椒各 25 克。

调料

精盐 1 小匙，味精、鸡精、香油各少许，料酒 1 大匙，植物油 2 大匙。

制作步骤

1 高粱米淘洗干净，放在大碗内，加入清水淹没高粱米，放入蒸锅内，用旺火蒸 20 分钟至熟成高粱米饭，取出，凉凉，拨散。

2 芹菜去根和叶，取嫩芹菜茎，切成小条；红椒、黄椒去蒂，去籽，洗净，切成条。

3 净锅置火上，放入植物油烧热，加入芹菜条、红椒条和黄椒条炒出香味，放入精盐、料酒、味精和鸡精炒匀，倒入高粱米饭，快速翻炒一下，淋入香油，装盘上桌即可。

素 南瓜燕麦粥

原料

南瓜300克，燕麦100克。

调料

白糖2大匙。

制作步骤

1 将燕麦淘洗干净，放在干净容器内，加入清水（图①），浸泡约2小时；将南瓜洗净，切去瓜蒂，再把南瓜切开，削去外皮，去掉瓜瓤（图②），换清水洗净，沥净水分，切成大小均匀的滚刀块（图③）。

2 净锅置火上，加入足量的冷水，倒入浸泡好的燕麦（图④），先用旺火煮沸，改用小火煮约30分钟。

3 放入南瓜块，继续用小火煮10分钟至浓稠（图⑤），加上白糖搅拌均匀，离火，倒入大碗内（图⑥），直接上桌即可。

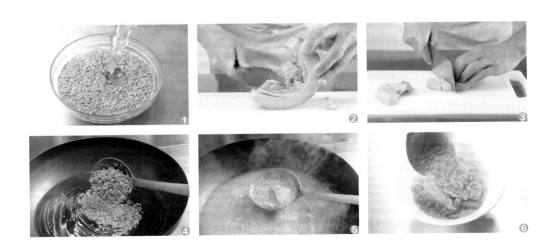

素 红豆南瓜汤

原料

南瓜 300 克，红豆 100 克。

调料

冰糖 50 克，蜂蜜 1 大匙。

制作步骤

1 红豆淘洗干净，放入容器内，倒入温水（图①），浸泡2小时；南瓜洗净，去蒂，削去外皮（图②），去掉南瓜瓤，切成大小均匀的滚刀块（图③）。

2 净锅置火上，加入足量的清水，倒入浸泡好的红豆（图④），先用旺火烧沸，改用小火煮约1小时（图⑤）。

3 撇去表面的浮沫，加入切好的南瓜块，继续用小火煮至南瓜块软烂，加入冰糖、蜂蜜煮至浓稠，离火，放入大碗内即可（图⑥）。

素 小米土豆丝

原料

土豆 250 克，小米 50 克，蒜苗 25 克。

调料

葱丝、姜丝、干红辣椒丝各 5 克，精盐、酱油各 1 小匙，鸡汁、味精、花椒油各少许，植物油 2 大匙。

制作步骤

1. 小米淘洗干净，放在碗内，加入少许清水，放入蒸锅内蒸熟成小米饭，取出，拨散。

2. 土豆去皮，洗净，切成细丝，放入清水中浸泡片刻，捞出，沥净水分；蒜苗去根和老叶，切成小段。

3. 净锅置火上，加入植物油烧至六成热，放入葱丝、姜丝、干红辣椒丝炝锅，倒入土豆丝翻炒2分钟，加入精盐、酱油、鸡汁、味精调好口味，加入小米饭，撒上蒜苗段，快速翻炒均匀，淋入花椒油，装盘上桌即可。

素五谷丰登

原料

南瓜 1 个，糯米、绿豆、红豆、黑米各 25 克。

调料

白糖 4 大匙。

制作步骤

1 把糯米、绿豆、红豆、黑米淘洗干净，分别放入容器内，浸泡2小时，捞出，沥水，拌匀成五谷杂粮。

2 南瓜洗净，从上面切下一小块成盖，挖去瓜瓤，洗净，倒入加工好的五谷杂粮，加入白糖拌匀，倒入适量的清水淹没五谷杂粮。

3 把南瓜盖上南瓜盖，放入蒸锅内，用旺火蒸45分钟至熟香，取出南瓜，去掉盖，切成大块，装盘上桌即可。

素 山药薏米粥

原料

山药…………… 150 克

薏米…………… 50 克

大米…………… 40 克

调料

冰糖…………… 50 克

糖桂花………… 少许

制作步骤

1 薏米淘洗干净，放在干净容器内，倒入清水（图①），浸泡8小时，捞出；大米淘洗干净，放在容器内，加上清水（图②），浸泡30分钟。

2 山药刷洗干净，擦净表面水分，削去外皮（图③），放在淡盐水中浸泡片刻，取出山药，先切成长条，再切成1厘米大小的丁（图④）。

3 净锅置火上，倒入足量的清水煮至沸，加入浸泡好的大米和薏米，用小火煮30分钟至薏米、大米近熟（图⑤）。

4 加入山药丁（图⑥），继续用小火熬煮至薏米、大米熟香，加上冰糖、糖桂花搅拌均匀，出锅，盛在大碗内，直接上桌即成。

素 香芋薏米煲

原料

香芋 150 克，南瓜 100 克，
薏米 30 克。

调料

姜块 10 克，精盐 1 小匙，
味精、胡椒粉各少许，
素汤适量，植物油 1 大匙。

制作步骤

1 薏米淘洗干净，放在容器内，加入清水浸泡 4 小时；南瓜洗净，削去外皮，去掉瓜瓤，切成 1 厘米大小的丁。

2 香芋洗净，削去外皮，也切成丁，放入清水中浸泡 10 分钟，捞出，沥净水分；姜块去皮，切成末。

3 净锅置火上，加入植物油烧热，放入姜末炝锅，倒入素汤，放入薏米，用中火煮 30 分钟至熟，放入南瓜丁、香芋丁、精盐、味精和胡椒粉，继续煮 10 分钟至浓稠入味即可。

素 米粥小棠菜

原料

油菜（小棠菜）150 克，
小米 75 克，枸杞子 10 克。

调料

精盐 1 小匙，胡椒粉、味
精各少许，素汤适量。

制作步骤

1　小米淘洗干净，放在容器内，加入清水浸泡
　30分钟；枸杞子洗净。

2　油菜洗净，去根和老叶，取净油菜心，放入
　沸水锅内，加入少许精盐和植物油焯烫一
　下，捞出，过凉，沥水。

3　净锅置火上烧热，倒入素汤，加入小米烧
　沸，改用小火熬煮30分钟至熟，放入精盐、
　味精、胡椒粉调好口味，加入油菜心、枸杞
　子稍煮，出锅上桌即可。

干鲜果品

素 水果沙拉

原料

芒果、火龙果、鸭梨各1个。

调料

冰糖25克，蜂蜜2小匙，糖桂花1大匙。

制作步骤

1 鸭梨洗净，削去外皮，从中间切开成两半，去掉果核（图①），再把鸭梨切成块（图②）；火龙果切去两端，再从中间切开成两半，剥去外皮（图③），取出火龙果肉，切成小块（图④）。

2 将芒果刷洗干净，擦净水分，放在案板上，从中间切开成两半，去掉果核，在芒果果肉上剞上十字花刀（图⑤）。

3 净锅置火上，倒入1小碗清水，加入冰糖煮至溶化，出锅，倒在碗内，凉凉成冰糖水，加上蜂蜜、糖桂花拌匀成蜜汁。

4 将鸭梨块、火龙果块码放在盘内，摆上芒果（图⑥），淋入调拌好的蜜汁，直接上桌即可。

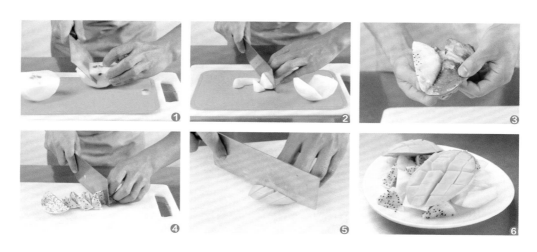

素 菠萝香蕉球

原料

香蕉300克，菠萝果肉125克，火龙果球、胡萝卜粒各少许。

调料

淀粉、面粉、蜂蜜各2大匙，白糖、糖桂花各1大匙，植物油适量。

制作步骤

1. 把菠萝果肉切成小块，放入淡盐水中浸泡几分钟，捞出，码放在盘子四周。

2. 香蕉剥去外皮，放在容器内压成蓉，加入淀粉、面粉、白糖拌匀，团成直径3厘米大小的丸子，放入热油锅内炸至酥脆，捞出。

3. 净锅置火上烧热，加入蜂蜜、白糖和糖桂花炒至浓稠，倒入香蕉球颠炒均匀，出锅，放入盛有菠萝片的盘内，撒上火龙果球、胡萝卜粒加以点缀即可。

素 双瓜百合

原料

木瓜 250 克，黄瓜 150 克，鲜百合、红椒各 10 克。

调料

精盐 1/2 小匙，白糖 1 大匙，胡椒粉、香油各少许，植物油适量。

制作步骤

1　木瓜洗净，切开，去掉果核，削去外皮，切成菱形小块；鲜百合取净花瓣，放入沸水锅内焯烫一下，捞出，沥水。

2　黄瓜洗净，顺长切成两半，去掉黄瓜瓤，再把黄瓜切成菱形小块；红椒洗净，去蒂，去籽，切成小块。

3　净锅置火上，加入植物油烧热，放入红椒块、黄瓜块和百合瓣稍炒，加入精盐、白糖、胡椒粉调好口味，加入木瓜块翻炒均匀，淋入香油，装盘上桌即可。

㊝ 冰糖银耳雪梨

原料

雪梨 1 个，红枣 25 克，银耳、枸杞子各 10 克。

调料

冰糖 50 克。

制作步骤

1 银耳放入大碗中，倒入足量的清水将其涨发，取出涨发好的银耳，去掉硬底（图①），再把银耳撕成小朵（图②），用清水漂洗干净，沥净水分。

2 把雪梨洗净，放在案板上，去蒂，切成1厘米厚的大片（图③），去掉雪梨核，再切成小块（图④）。

3 红枣放在大碗内，加入少许温水浸泡片刻，再换清水洗净，捞出，沥水，去掉枣核；枸杞子清洗干净，沥净水分。

4 不锈钢锅置火上，加入足量的清水，先倒入银耳（图⑤），烧沸后再加入雪梨块，用中火熬煮15分钟，放入冰糖（图⑥），继续煮10分钟，加入红枣和枸杞子稍煮，出锅上桌即成。

㊙酥炸香蕉

原料

香蕉·············400 克

调料

面粉·············100 克
淀粉············· 75 克
精盐············· 少许
植物油··········· 适量

制作步骤

1 香蕉剥去外皮（图①），取净香蕉果肉，放在案板上，切成滚刀块（图②），蘸上少许面粉。

2 面粉、淀粉、精盐放入大碗内，加入少许清水搅拌成糊状，再放入少许植物油拌匀成面粉糊（图③），放入香蕉块拌匀（图④）。

3 炒锅置火上，倒入植物油烧至四成热，将蘸匀面粉糊的香蕉块用筷子夹着，放入油锅内（图⑤），中火炸至上色，捞出（图⑥）。

4 待锅内油温升至七成热时，再放入香蕉块炸至色泽金黄，捞出香蕉块，沥油，装盘上桌即可。

素 脆皮香蕉

原料

香蕉·············· 250 克
面包糠·············· 150 克
鸡蛋·················· 1 个

调料

面粉·············· 4 大匙
巧克力酱·········· 2 大匙
植物油············· 适量

制作步骤

1 把面包糠倒在盘上；鸡蛋放入碗里打散，加入面粉和少许植物油，搅拌均匀成鸡蛋糊。

2 香蕉去皮，取净香蕉果肉，切成两半，顺长挤上一条巧克力酱，再把香蕉蘸上少许面粉，放入鸡蛋糊内挂匀糊，放在面包糠上蘸匀并轻轻压实。

3 净锅置火上，加入植物油烧热，放入香蕉炸至色泽金黄，捞出，沥油，切成小块，装盘上桌即可。

素 吐丝苹果

原料

苹果·············· 250 克

鸡蛋·················1 个

调料

面粉·············· 100 克

淀粉················· 75 克

白糖·············· 150 克

植物油·············· 适量

制作步骤

1 将鸡蛋磕入大碗内，加入面粉、淀粉和少许清水拌匀成鸡蛋糊；苹果去皮，去核，切成小块，蘸上面粉，放入鸡蛋糊内挂匀。

2 净锅置火上，加入植物油烧至六成热，放入挂匀糊的苹果块，用中火炸至色泽金黄，捞出，沥油。

3 锅内留少许底油，加入白糖和清水，用小火炒制，待糖汁由冒大泡变为冒小泡，色泽呈浅黄色时，立即放入苹果块，离火颠翻均匀，使糖汁裹匀苹果块，出锅装盘即可。

㊚陈皮梨汤

原料

鸭梨 1 个，陈皮 10 克，枸杞子少许。

调料

冰糖 75 克。

制作步骤

1 将陈皮放在小碗内，加入适量的温水浸泡10分钟，取出陈皮，换清水洗净，沥净水分，切成丝（图①）。

2 把鸭梨洗净，放在案板上，先切成两半（图②），去掉果核（图③），切成滚刀块（图④）；枸杞子用清水洗净。

3 净锅置火上，加入足量的清水，放入鸭梨块和陈皮丝，用中火煮约10分钟，放入冰糖（图⑤），改用小火炖煮至软烂，撇去表面的浮沫和杂质，撒入枸杞子稍煮，出锅，倒入汤碗内即可（图⑥）。

素 芒果布丁

原料

芒果……………… 400 克

布丁粉…………… 25 克

水果球…………… 少许

纯净水…………… 适量

调料

牛奶……………… 75 克

白糖……………… 100 克

芒果汁…………… 2 大匙

制作步骤

1 芒果洗净，剥去外皮，去掉果核，切成小丁，放入搅拌器内，加入少许纯净水，用中速搅打成芒果泥。

2 净锅置火上烧热，倒入纯净水、牛奶，加入白糖煮3分钟，放入布丁粉，改用小火煮1分钟成布丁液，出锅。

3 把布丁液过滤，加入芒果泥搅拌均匀，倒入布丁模具中，冷却后放入冰箱内冷藏2小时至凝固，取出，切成小块，码放在盘内，淋入芒果汁，用水果球加以点缀即可。

素 芒果西芹夏果

原料

芒果 200 克，西芹 125 克，夏威夷果 50 克，红椒 15 克。

调料

精盐 1 小匙，白糖、味精各少许，香油 2 小匙，植物油适量。

制作步骤

1　芒果洗净，剥去外皮，去掉果核，切成菱形小块；西芹去根、筋膜和叶，取西芹嫩茎，切成小块。

2　把夏威夷果放入热油锅内，用中火煎炸至上色，捞出，沥油；红椒去蒂，去籽，洗净，切成小块。

3　净锅置火上，加入植物油烧热，放入西芹块、红椒块炒至熟，加入精盐、味精和白糖调好口味，倒入芒果块翻炒均匀，淋入香油，撒入夏威夷果，装盘上桌即可。

素 山楂梨丝

原料

雪梨300克，山楂罐头150克。

调料

白糖1大匙。

制作步骤

1 将雪梨洗净，去皮（图①），放在案板上，切成厚约0.5厘米的大片（图②），去掉果核（图③，再切成小条（图④），放入淡盐水中浸泡片刻。

2 从山楂罐头中取出山楂（山楂汁待用），大的每个切成两半（图⑤）；把雪梨条沥净水分，加上白糖调拌均匀。

3 将雪梨条放在盘内，把山楂放在四周和上面（图⑥），淋上山楂汁，放入冰箱内冷藏保鲜，食用时取出，直接上桌即可。

素 糯米红枣

原料

红枣 250 克, 糯米粉 75 克, 小米 50 克, 豌豆粒 15 克。

调料

白糖 2 大匙, 柠檬汁 1 大匙, 蜂蜜 2 小匙。

制作步骤

1 红枣用温水浸泡10分钟, 取出红枣, 从中间切开, 去掉枣核; 小米、糯米粉放入容器内, 加入温水揉搓成粉团, 切成小剂子, 揉搓均匀, 长度和红枣的长度相同。

2 把糯米小剂子塞入红枣内, 放入蒸笼内, 用旺火、沸水蒸约10分钟至熟, 取出成糯米红枣, 码放在盘内。

3 净锅置火上, 加入清水、白糖、柠檬汁、蜂蜜熬煮成糖汁, 加入豌豆粒炒匀, 出锅, 淋在糯米红枣上即可。

素 健脑木纹枣

原料

和田大枣⋯⋯⋯ 400 克
鲜核桃仁⋯⋯⋯ 100 克
分子胶囊⋯⋯⋯⋯ 2 个
水果球⋯⋯⋯⋯⋯ 适量
花草⋯⋯⋯⋯⋯ 少许

制作步骤

1 把和田大枣刷洗干净，从中间切开，去掉枣核，平铺在保鲜膜上（一个压着一个），中间放上鲜核桃仁。

2 把保鲜膜从一侧卷起成卷，放入蒸锅内，用旺火蒸20分钟，取出，放入冰箱内冷藏，凉凉，取出，去掉保鲜膜。

3 把大枣切成圆片，码放在盘内，摆上分子胶囊，撒上水果球、花草加以点缀即可。

素 红枣桂圆黑米粥

原料

黑米……………… 75 克

桂圆……………… 40 克

红枣……………… 25 克

调料

冰糖……………… 50 克

糖桂花…………… 2 小匙

制作步骤

1 将桂圆放在容器内，倒入适量的温水浸泡20分钟，取出桂圆，剥去外壳，去掉果核，取净桂圆肉（图①）；冰糖放在案板上，用刀面轻轻砸碎。

2 将黑米淘洗干净，放在干净容器内，倒入清水（图②），浸泡6小时，捞出黑米；红枣洗净，去掉果核，取红枣肉。

3 净锅置火上，倒入足量的清水，加入黑米，煮沸后用小火煮30分钟（图③），加入红枣肉（图④），放入桂圆肉搅匀（图⑤），继续用小火熬煮至黑米熟嫩。

4 加上冰糖碎、糖桂花搅拌均匀，出锅，盛在大碗内（图⑥），直接上桌即成。

素 卤味核桃

原料

纸皮核桃 500 克，奥利奥碎 200 克，青柠檬片、迷迭香各少许。

调料

葱段、姜片、八角、花椒、树椒、精盐各少许，料酒 1 大匙，酱油 2 大匙，卤水 1500 克。

制作步骤

1 纸皮核桃刷洗干净，轻轻敲打使之裂口，放入盛有卤水的锅内，加入葱段、姜片、八角、花椒、树椒、酱油、料酒和精盐烧沸。

2 改用小火卤煮约1小时，离火，把纸皮核桃浸泡在卤液内4小时使之入味，捞出纸皮核桃，剥去一半的外壳。

3 取盘子一个，先撒上奥利奥碎垫底，摆上卤好的纸皮核桃，摆上青柠檬片、迷迭香加以点缀即可。

素 樱桃板栗

原料

罐装栗子（板栗）400克，南瓜蓉150克，紫菜头适量，凝胶片少许。

调料

精盐少许，白糖、白醋各2大匙。

制作步骤

1 取出罐装栗子，压成蓉，搓成小圆球，插上牙签，放入液氮中冻成圆球；把南瓜蓉搓成圆球，放入液氮中冻成圆球。

2 把紫菜头洗净，切成小块，放入榨汁机中榨成菜汁，倒入烧热的净锅内，加入清水、凝胶片、白糖、白醋和精盐，用小火熬煮成紫菜头汁，离火，凉凉。

3 把板栗球、南瓜球分别放入紫菜头汁内挂匀一层汁，码放在盘内，快速上桌即可。

素花生核桃拌椿苗

原料

香椿苗 300 克，花生、核桃仁各 75 克，红椒少许。

调料

精盐 1 小匙，香油 2 小匙，卤水适量。

制作步骤

1. 花生剥去外壳（图①），放入温水中浸泡10分钟，取出，剥去皮（图②），取净花生仁；红椒择洗干净，切成小粒。

2. 净锅置火上，加入卤水烧沸，放入花生仁和核桃仁，用小火煮10分钟，离火，浸泡1小时至入味，捞出核桃仁和花生仁。

3. 香椿苗放在案板上，切去根（图③），放在容器内，加入清水和少许精盐浸泡5分钟（图④），捞出香椿苗，沥净水分。

4. 把香椿苗放在容器内，加入花生仁、核桃仁，撒上红椒粒（图⑤），加入精盐、香油，用筷子搅拌均匀（图⑥），装盘上桌即可。

素 怪味花生豆

原料

带皮花生米 400 克。

调料

白糖 4 大匙，椒盐、辣椒粉、植物油各适量。

制作步骤

1 炒锅置火上，倒入植物油烧至五成热，放入带皮花生米（图①），用小火炸至花生米呈红色、花生皮裂开时，捞出花生米（图②），沥油，放在盘内，用筷子拨散并凉凉，剥去花生皮（图③）。

2 净锅复置火上，加入少许植物油烧热，倒入白糖（图④），用手勺顺着一个方向不停搅拌，待糖色变成浅黄色并且冒小泡时（图⑤）。

3 倒入花生米（图⑥），快速翻炒，待糖汁均匀地裹在每一粒花生米上并凝固时，出锅，撒上椒盐、辣椒粉拌匀，装盘上桌即可。

素 香菇焖果仁

原料

鲜香菇400克，花生（果仁）250克。

调料

葱花10克，葱段15克，八角、香叶各少许，精盐、酱油、白糖、蚝油、植物油各适量。

制作步骤

1　花生放入清水锅内烧沸，加入葱段、八角、香叶和精盐（图①），用中火煮至熟香，捞出花生，剥去外壳（图②），去掉皮。

2　鲜香菇去掉菌蒂（图③），放入沸水锅内焯烫2分钟，捞出香菇，沥净水分（图④）。

3　净锅置火上，加上植物油烧至五成热，下入葱花、蚝油炒出香味，放入精盐、酱油、白糖和清水（图⑤）。

4　用旺火烧沸，加入香菇和花生，用小火烧焖至入味，改用旺火收浓汤汁（图⑥），出锅上桌即可。

素 银杏芦笋

原料

芦笋 300 克，罐装银杏 100 克，胡萝卜 35 克。

调料

大葱 10 克，精盐 1/2 小匙，白糖、味精、胡椒粉各少许，香油 1 小匙，植物油 2 大匙。

制作步骤

1. 取出罐装银杏，放入沸水锅内焯烫一下，捞出，过凉，沥净水分；大葱去根和老叶，切成葱花。

2. 芦笋洗净，去根，削去老皮，切成4厘米长的小段；胡萝卜去皮，切成花丁。

3. 净锅置火上，加入植物油烧热，放入葱花炝锅，加入胡萝卜花丁、芦笋段炒匀，加入精盐、白糖、味精、胡椒粉调好口味，倒入银杏翻炒均匀，淋入香油，出锅上桌即可。

素 松仁茼蒿

原料

茼蒿400克,松子仁35克,红椒25克。

调料

蒜瓣15克,精盐1小匙,生抽、味精各少许,花椒油1/2小匙,植物油适量。

制作步骤

1 茼蒿洗净,沥净水分,去掉根和叶,取茼蒿嫩茎,切成4厘米长的小段;蒜瓣去皮,剁成蒜蓉。

2 红椒去蒂,去籽,洗净,切成丝;锅内加入植物油烧至三成热,倒入松子仁炸至变色,捞出,沥油,凉凉。

3 锅内加入少许植物油烧热,放入蒜蓉炒香,加入茼蒿段、红椒丝炒至熟,放入精盐、生抽、味精调好口味,淋入花椒油,撒上松子仁翻炒均匀,出锅装盘即可。

素椒香杏仁

原料

鲜杏仁片 300 克，黄瓜 100 克，胡萝卜 75 克。

调料

花椒 3 克，精盐 1 小匙，白糖少许，香油 2 小匙，植物油 1 大匙。

制作步骤

1 胡萝卜洗净，削去外皮（图①），先切成长条，再切成小丁（图②）；黄瓜洗净，放在案板上，先切成长条，再切成小丁（图③）。

2 净锅置火上，加入植物油烧至六成热，放入花椒炸至煳，捞出花椒不用，把热油倒在小碗内，凉凉成花椒油。

3 净锅置火上，倒入适量的清水烧沸，加入鲜杏仁片和少许精盐焯烫3分钟，捞出杏仁片（图④），沥净水分。

4 将杏仁片、黄瓜丁、胡萝卜丁放入容器内拌匀（图⑤），加入精盐、白糖，淋入香油，充分搅拌均匀，淋上花椒油（图⑥），装盘上桌即成。

图书在版编目（ＣＩＰ）数据

素食笔记 / 李成国编著. -- 长春 ：吉林科学技术
出版社，2019.10
ISBN 978-7-5578-5249-8

Ⅰ．①素… Ⅱ．①李… Ⅲ．①素菜－菜谱 Ⅳ.
①TS972.123

中国版本图书馆CIP数据核字(2018)第299998号

素食笔记

SUSHI BIJI

编　　著　李成国
出 版 人　李　梁
责任编辑　张恩来
封面设计　雅硕图文工作室
制　　版　雅硕图文工作室
幅面尺寸　172 mm×242 mm
字　　数　200千字
印　　张　12
印　　数　1-7 000册
版　　次　2019年10月第1版
印　　次　2019年10月第1次印刷
出　　版　吉林科学技术出版社
发　　行　吉林科学技术出版社
地　　址　长春市净月区福祉大路5788号出版集团A座
邮　　编　130118
发行部电话/传真　0431-81629529　81629530　81629531
　　　　　　　　　81629532　81629533　81629534
储运部电话　0431-86059116
编辑部电话　0431-85610611
网　　址　www.jlstp.net
印　　刷　吉林省创美堂印刷有限公司
书　　号　ISBN 978-7-5578-5249-8
定　　价　49.90元
如有印装质量问题　可寄出版社调换
版权所有　翻印必究　　举报电话：0431-81629508